建筑工程施工现场专业人员
岗位资格培训教材

材料员

专业管理实务

Cailiaoyuan Zhuanye Guanli Shiwu

主　编　王美俐
副主编　李海燕
参　编　陈烨　涂勇

U0336344

中国电力出版社
CHINA ELECTRIC POWER PRESS

内 容 提 要

本书紧扣"材料员岗位职业标准",既保证教材内容的系统性和完整性,又注重理论联系实际、解决实际问题能力的培养;既注重内容的先进性、实用性和适度的超前性,又便于实施案例教学和实践教学。本书包括概述,建筑材料的招标与合同管理,建筑材料市场调查分析,建筑材料的使用管理,建筑材料的核算,建筑材料、设备的统计台账和资料整理,建筑材料现场取样检测,建筑材料信息管理系统等内容。以建筑企业施工生产过程的材料管理业务工作为依据,重点讲述了材料计划管理、材料采购管理、材料的验收与保管、材料的消耗管理、周转材料及工具管理、材料核算管理、材料台账管理和危险品安全管理。

本书既能满足建设行业材料管理岗位人员培训和持证上岗的需求,又可满足建筑类职业院校毕业生顶岗实习前的岗位培训需求,充分兼顾职业岗位技能培训和职业资格考试需求。

图书在版编目(CIP)数据

材料员专业管理实务/王美俐主编. —北京:中国电力出版社,2016.3
建筑工程施工现场专业人员岗位资格培训教材
ISBN 978-7-5123-8619-8

Ⅰ.①材… Ⅱ.①王… Ⅲ.①建筑材料-技术培训-教材 Ⅳ.①TU5

中国版本图书馆 CIP 数据核字(2015)第 287365 号

中国电力出版社出版、发行
北京市东城区北京站西街 19 号 100005 http://www.cepp.sgcc.com.cn
责任编辑:周娟华 E-mail:juanhuazhou@163.com
责任印制:蔺义舟 责任校对:太兴华
北京博图彩色印刷有限公司印刷·各地新华书店经售
2016 年 3 月第 1 版·第 1 次印刷
787mm×1092mm 1/16·11.5 印张·278 千字
定价:32.00 元

前　言

　　2011 年 8 月，住房和城乡建设部颁布了《建筑与市政工程施工现场专业人员职业标准》（JGJ/T 250—2011），自 2012 年 1 月 1 日起实施。为了做好建筑行业施工现场专业人员的岗位培训工作，我们组织相关职业培训机构、职业院校的专家、老师，参照最新颁布的新标准、新规范，以岗位的主要工作职责和所需的专业技能、专业知识为依据编写了《材料员专业管理实务》，以满足培训工作和施工现场材料管理工作的需求。

　　本书紧扣"材料员岗位职业标准"，既保证教材内容的系统性和完整性，又注重理论联系实际、解决实际问题能力的培养；既注重内容的先进性、实用性和适度的超前性，又便于实施案例教学和实践教学。本书包括概述，建筑材料的招标与合同管理，建筑材料市场调查分析，建筑材料的使用管理，建筑材料的核算，建筑材料、设备的统计台账和资料整理，建筑材料现场取样检测，建筑材料信息管理系统等内容。以建筑企业施工生产过程的材料管理业务工作为依据，重点讲述了材料计划管理、材料采购管理、材料的验收与保管、材料的消耗管理、周转材料及工具管理、材料核算管理、材料台账管理和危险品安全管理。本书既能满足建设行业材料管理岗位人员培训和持证上岗的需求，又可满足建筑类职业院校毕业生顶岗实习前的岗位培训需求，充分兼顾职业岗位技能培训和职业资格考试需求。

　　本书由中国建筑五局教育培训中心、长沙建筑工程学校组织编写，由王美俐担任主编、李海燕担任副主编，参与编写的人员有陈卫平、陈烨、涂勇。由于时间较仓促和水平有限，不足之处还请各有关培训单位、职业院校及时提出宝贵意见。

　　在本书编写过程中，得到编者所在单位、中国电力出版社有关领导、编辑的大力支持，同时还参阅了大量的参考文献，在此一并致以由衷的感谢。

编　者

目　录

 第1章

概　　述

建筑材料管理是建筑工程项目管理的重要组成部分,在工程建设过程中建筑材料的采购管理、质量控制、环保节能、现场管理、成本控制是建筑工程管理的重要环节。依法、依规搞好建筑材料管理对于加快施工进度、保证工程质量、降低工程成本、提高经济效益,具有十分重要的意义。

1.1　建筑企业材料管理概论

建筑企业材料管理是指建筑企业对施工过程中所需的各种材料的采购、储备、保管、使用等一系列组织和管理工作的总称。

建筑企业材料管理也就是按照计划、组织、指挥、监督、协调等管理职能,依据一定的原则、程序和方法,搞好材料平衡供应,高效、合理组织材料的储存、使用,保证建筑施工活动的顺利进行。

1.1.1　建筑企业材料管理工作分析

1. 建筑材料管理的特性分析

建筑业生产的技术经济特点使得建筑企业的材料管理工作具有一定的特殊性、艰巨性和复杂性,表现在:

(1) 建筑材料品种、规格繁多。

(2) 建筑材料耗用量多,重量大。

(3) 建筑安装生产周期较长,占用的生产储备资金较多。

(4) 建筑材料供应很不均衡。

(5) 材料供应工作涉及面广。

(6) 由于建筑产品——建筑物固定,施工场所不固定,决定了建筑生产的流动性。

(7) 建筑材料的质量要求高。

2. 建筑材料管理的范围

建筑材料管理的范围,不仅包括原料、材料、燃料,还包括生产工具、劳保用品、机电产品,有的还扩大到机械配件。所以"材料"一词,对建筑企业来说,是指材料部门管理的所有物资。

材料的供应渠道、管理权限有国家统一分配材料、部管材料、地方管理材料、市场供应材料。按材料在施工生产中的作用分,有主要材料、结构件、机械配件、周转材料、低值易耗品、其他材料。

3. 建筑材料管理的方针、原则

(1)"从施工生产出发,为施工生产服务"的方针。

(2)加强计划管理的原则。

(3)加强核算,坚持按质论价的原则。

(4)厉行节约的原则。

4. 建筑材料管理的要求

做好材料管理工作,除材料部门积极努力外,尚需各有关方面的协作配合,以达到供好、管好、用好建筑材料,降低工程成本的目的。

(1)落实资源,保证供应。

(2)抓好实物采购运输,加速周转,节约费用。

(3)抓好商情信息管理。

(4)降低材料单耗。

1.1.2 材料管理的意义和任务

1. 材料管理的意义

(1)材料管理是生产建筑产品的重要物质保证。

(2)材料管理是提高工程质量的重要保障。

(3)材料管理是降低工程成本的重要手段。

(4)材料管理是减少生产经营资金占用、加速资金周转的重要措施。

(5)材料管理是提高劳动生产率的重要途径。

2. 材料管理的任务

建筑企业材料管理工作的基本任务是:本着"管物资必须全面管供、管用、管节约和管回收、修旧利废"的原则,把好供、管、用三个主要环节,以最低的材料成本,按质、按量、及时、配套供应施工生产所需的材料,并监督和促进材料的合理使用。主要包括以下几个方面:

(1)提高计划管理质量,保证材料供应。

(2)提高供应管理水平,保证工程进度。

(3)加强施工现场材料管理,坚持定额用料。

(4)严格经济核算,降低成本,提高效益。

3. 材料管理的业务内容

材料管理的业务工作包括供、管、用三个方面,具体有八项业务:材料计划、组织货源、运输供应、验收保管、现场材料管理、工程耗料核销、材料核算和统计分析。

材料管理分为流通过程的管理和生产过程的管理,这两个阶段的具体管理工作就是材料管理的内容。材料管理的内容和程序如图1-1所示。

(1)物资流通领域是指组织整个国民经济物资流通的组织形式。建筑材料是物资流通领域的组成部分。流通过程的管理是指材料进入企业之前的管理,是在企业材料计划指导下,组织货源,进行订货、采购、运输和技术保管,以及企业多余材料向社会提供资源等活动的管理。

(2)生产领域的材料管理是指在生产消费领域中,实行定额供料,采取节约措施和奖励

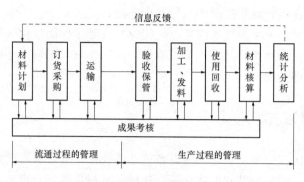

图 1-1 材料管理的内容和程序

办法，鼓励降低材料单耗，实行退料回收和修旧利废活动的管理；是指材料进入企业后，消耗过程的管理工作，包括保管、发放、使用、退料、回收报废等。建筑企业的项目部是材料供、管、用的基层单位，它的材料工作重点是管，工作的好与坏对材料管理的成效有明显的作用。

1.1.3 建筑企业材料管理体制

建筑企业材料管理体制是建筑企业组织、领导材料管理工作的根本制度。它明确了企业内部各级、各部门间在材料采购、运输、储备、消耗等方面的管理权限及管理形式，是企业生产经营管理体制的重要组成部分。正确确定企业材料管理体制，对于实现企业材料管理的基本任务，改善企业的经营管理，提高企业的承包能力、竞争能力都具有重要意义。

1. 材料管理的体系

材料管理工作是一个系统工程，根据不同的管理权限和职责，物资管理分为三个层次：

（1）经营管理层：属企业的主管领导和总部各相关部门。主要负责物资管理制度的建立，负责监督、协调职能。

（2）执行层：企业主管部门和项目有关部门。主要是依据企业的有关规定，合理计划组织物资材料进场，控制其合理消耗，担负计划、控制、降低成本的职能。

（3）劳务层：各类物资材料的直接使用者。依据经营层和执行层所制定的消耗制度和合理的消耗数量，合理地使用物资材料，不断降低单位工程材料消耗水平。

2. 材料管理的方法

（1）限额控制法：企业为强化领料的管控，可以实行限额领料，即根据产品生产的需要进行领发料，以此控制材料的领用，降低成本。如果由于增加生产量、浪费或其他原因超出材料领用的限额或产品需要的范围，则必须经过必要的审批程序。

（2）检查奖惩法：为更好地加强材料管理的督促检查，使材料管理工作向规范化、标准化迈进，减少管理漏洞，充分调动全体人员节约材料的积极性、增加成本意识，使优有所奖、劣有所罚，并做到检查有标准、奖罚有依据。

（3）招标投标法：建筑材料的招标与采购是企业成本管理的一个重要组成部分，它关系到企业的成本核算和盈利空间的大小。为了将这方面工作做好，应根据采购的标的物的具体特点，正确选择设备、材料的招投标方式，进而正确选择好设备、材料供应商。

（4）重点管理法：也称 A、B、C 法，是将产品零件和各种物资按其价值大小进行分类，

3

然后对价值大的施行重点管理和控制的一种管理办法。

（5）材料编号管理：为加强材料的管控，使材料管理工作简单化，提高工作效率和科学管理材料，将材料按其性质各归其类并予以编号，以利于材料账册的登载，方便数据的电脑处理而采用的一种管理办法。

1.2 建筑材料相关法律法规

建筑材料管理在工程建设质量管理中有着重要的作用，有着自身的特点：一是监控的依据是在建筑工程法律、法规的基础上建立的。任何一种材料的国家规范，都是在《中华人民共和国建筑法》和《建筑工程质量管理条例》的基础上制定的，因此在建筑工程施工过程中使用的任何一种建筑材料都必须满足法规和条例中的要求；二是建筑材料质量监理带有浓烈的政策性。因为在目前社会上，政府对建筑工程质量的监督，都是通过一些检测机构来进行的，所以政府对检测机构出台和制定了许多政策，以制约检测机构，保证检测机构的公正性，检测数据的可靠性，从而达到政府监督的作用；三是建筑材料质量监控带有地域性。因为地域的相差，建筑材料使用的方法、存放的方式、养护的条件、表现的效果等都各不相同，所以在建筑材料标准制定的时候，也会出台许多地方或行业规范，以弥补标准规范中因地域而造成的误差。除此之外，因为各地政府对建筑工程质量的管理方式、管理要求不一样，所以各地对建筑材料质量监控的方式也都不一样。

作为材料员，必须了解建筑材料相关法律、法规，才能避免违法、违规行为的发生，有效地避免经济损失的发生。

1.《中华人民共和国建筑法》（2011 年修订）

第二十五条 按照合同约定，建筑材料、建筑构配件和设备由工程承包单位采购的，发包单位不得指定承包单位购入用于工程的建筑材料、建筑构配件和设备或者指定生产厂、供应商。

第三十四条 工程监理单位应当在其资质等级许可的监理范围内，承担工程监理业务。工程监理单位应当根据建设单位的委托，客观、公正地执行监理任务。工程监理单位与被监理工程的承包单位以及建筑材料、建筑构配件和设备供应单位不得有隶属关系或者其他利害关系。

第五十六条 建筑工程的勘察、设计单位必须对其勘察、设计的质量负责。勘察、设计文件应当符合有关法律、行政法规的规定和建筑工程质量、安全标准、建筑工程勘察、设计技术规范以及合同的约定。设计文件选用的建筑材料、建筑构配件和设备，应当注明其规格、型号、性能等技术指标，其质量要求必须符合国家规定的标准。

第五十七条 建筑设计单位对设计文件选用的建筑材料、建筑构配件和设备，不得指定生产厂、供应商。

第五十九条 建筑施工企业必须按照工程设计要求、施工技术标准和合同的约定，对建筑材料、建筑构配件和设备进行检验，不合格的不得使用。

2.《中华人民共和国产品质量法》（2010 年修订）

第二十七条 产品或者其包装上的标识必须真实，并符合下列要求：

（一）有产品质量检验合格证明；

（二）有中文标明的产品名称、生产厂厂名和厂址；

（三）根据产品的特点和使用要求，需要标明产品规格、等级、所含主要成分的名称和含量的，用中文相应予以标明；需要事先让消费者知晓的，应当在外包装上标明，或者预先向消费者提供有关资料；

（四）限期使用的产品，应当在显著位置清晰地标明生产日期和安全使用期或者失效日期；

（五）使用不当，容易造成产品本身损坏或者可能危及人身、财产安全的产品，应当有警示标志或者中文警示说明。裸装的食品和其他根据产品的特点难以附加标识的裸装产品，可以不附加产品标识。

第二十八条 易碎、易燃、易爆、有毒、有腐蚀性、有放射性等危险物品以及储运中不能倒置和其他有特殊要求的产品，其包装质量必须符合相应要求，依照国家有关规定作出警示标志或者中文警示说明，标明储运注意事项。

第二十九条 生产者不得生产国家明令淘汰的产品。

第三十条 生产者不得伪造产地，不得伪造或者冒用他人的厂名、厂址。

第三十一条 生产者不得伪造或者冒用认证标志等质量标志。

第三十二条 生产者生产产品，不得掺杂、掺假，不得以假充真、以次充好，不得以不合格产品冒充合格产品。

第三十三条 销售者应当建立并执行进货检查验收制度，验明产品合格证明和其他标识。

第三十四条 销售者应当采取措施，保持销售产品的质量。

第三十五条 销售者不得销售国家明令淘汰并停止销售的产品和失效、变质的产品。

第三十六条 销售者销售的产品的标识应当符合本法第二十七条的规定。

第三十七条 销售者不得伪造产地，不得伪造或者冒用他人的厂名、厂址。

第三十八条 销售者不得伪造或者冒用认证标志等质量标志。

第三十九条 销售者销售产品，不得掺杂、掺假，不得以假充真、以次充好，不得以不合格产品冒充合格产品。

3.《建设工程质量管理条例》（2000 年）

第八条 建设单位应当依法对工程建设项目的勘察、设计、施工、监理以及与工程建设有关的重要设备、材料等的采购进行招标。

第十四条 按照合同约定，由建设单位采购建筑材料、建筑构配件和设备的，建设单位应当保证建筑材料、建筑构配件和设备符合设计文件和合同要求。

第二十二条 设计单位在设计文件中选用的建筑材料、建筑构配件和设备，应当注明规格、型号、性能等技术指标，其质量要求必须符合国家规定的标准。

第二十九条 施工单位必须按照工程设计要求、施工技术标准和合同约定，对建筑材料、建筑构配件、设备和商品混凝土进行检验，检验应当有书面记录和专人签字；未经检验或者检验不合格的，不得使用。

第三十一条 施工人员对涉及结构安全的试块、试件以及有关材料，应当在建设单位或者工程监理单位监督下现场取样，并送具有相应资质等级的质量检测单位进行检测。

第三十五条 工程监理单位与被监理工程的施工承包单位以及建筑材料、建筑构配件和设备供应单位有隶属关系或者其他利害关系的，不得承担该项建设工程的监理业务。

第三十七条　工程监理单位应当选派具备相应资格的总监理工程师和监理工程师进驻施工现场。未经监理工程师签字，建筑材料、建筑构配件和设备不得在工程上使用或者安装，施工单位不得进行下一道工序的施工。未经总监理工程师签字，建设单位不拨付工程款，不进行竣工验收。

第五十一条　供水、供电、供气、公安消防等部门或者单位不得明示或者暗示建设单位、施工单位购买其指定的生产供应单位的建筑材料、建筑构配件和设备。

4.《建设工程勘察设计管理条例》（2000年）

第二十七条　设计文件中选用的材料、构配件、设备，应当注明其规格、型号、性能等技术指标，其质量要求必须符合国家规定的标准。除有特殊要求的建筑材料、专用设备和工艺生产线等外，设计单位不得指定生产厂、供应商。

第二十九条　建设工程勘察、设计文件中规定采用的新技术、新材料，可能影响建设工程质量和安全，又没有国家技术标准的，应当由国家认可的检测机构进行试验、论证，出具检测报告，并经国务院有关部门或者省、自治区、直辖市人民政府有关部门组织的建设工程技术专家委员会审定后，方可使用。

5.《实施工程建设强制性标准监督规定》（2000年）

第五条　工程建设中拟采用的新技术、新工艺、新材料，不符合现行强制性标准规定的，应当由拟采用单位提请建设单位组织专题技术论证，报批准标准的建设行政主管部门或者国务院有关主管部门审定。

第十条　强制性标准监督检查的内容包括：

（一）有关工程技术人员是否熟悉、掌握强制性标准；

（二）工程项目的规划、勘察、设计、施工、验收等是否符合强制性标准的规定；

（三）工程项目采用的材料、设备是否符合强制性标准的规定；

（四）工程项目的安全、质量是否符合强制性标准的规定；

（五）工程中采用的导则、指南、手册、计算机软件的内容是否符合强制性标准的规定。

1.3　建筑材料相关技术标准

1.3.1　标准基础知识

1. 标准的定义

标准是指"为了在一定的范围内获得最佳秩序，经协商一致制定并由公认机构批准，共同使用的和重复使用的一种规范性文件"（引自 GB/T 20000.1—2001 的定义 2.3.2）。标准是经过协商一致和规范化的程序，由公认的标准机构批准的技术类规范性文件，具备共同使用和重复使用的特点，目的是在一定范围内获得最佳秩序。

2. 标龄

自标准实施之日起，至标准复审重新确认、修订或废止的时间，称为标龄。由于各国情况不同，标准的标龄也不同。以 ISO 为例，ISO 标准每 5 年复审一次，平均标龄为 4.92 年。我国在《国家标准管理办法》中规定：国家标准实施 5 年，要进行复审，即国家标准的标龄一般为 5 年。经复审确定其继续有效、修订或是废止。

3. 标准分类

标准为适应不同的要求从而构成一个庞大而复杂的体系，为便于研究和应用，人们从不同的角度和属性将标准进行分类。根据《中华人民共和国标准化法》（以下简称《标准化法》）的实施情况，通常有以下几种分类方法。

（1）国家标准。由国务院标准化行政主管部门制定的需要全国范围内统一的技术要求，称为国家标准。代号为 GB。

（2）行业标准。没有国家标准而又需在全国某个行业范围内统一的技术标准，由国务院有关行政主管部门制定并报国务院标准化行政主管部门备案的标准，称为行业标准。行业标准内容同国家标准，一般是不涉及人身安全的产品标准。代号分别为 JGJ（建工）、JC（建材）、HG（化工）、HJ（环境）。

（3）地方标准。没有国家标准和行业标准而又需在省、自治区、直辖市范围内统一的工业产品的安全、卫生要求，由省、自治区、直辖市标准化行政主管部门以国家标准或行业标准为依据，制定并报国务院标准化行政主管部门和国务院有关行业行政主管部门备案的标准，称为地方标准。代号为 DB。

（4）企业标准。企业生产的产品没有国家标准、行业标准和地方标准时，由企业制定的作为组织生产依据的标准，或在企业内制定适用的严于国家标准、行业标准或地方标准的内控标准，称为企业标准。企业标准由企业自行组织制定并按省、自治区、直辖市人民政府的规定备案（不含内控标准），代号为 QB。企业标准一般是针对于某一种产品，由企业制定的标准，其指标应高于国家标准或行业标准，有利于企业竞争。

各级标准之间的关系是：

（1）下级标准必须遵守上级标准，只能在上级标准允许的范围内作出规定。

（2）下级标准的规定不得宽于上级标准，但可以严于上级标准。

例如：国家标准规定某项工程的允许偏差为 5mm，地方或企业标准不得放宽为 6mm。但是可以规定为 4mm 或更小。标准的这一特点，与行政法规不同。

企业标准是最严格的标准。按照国际惯例，以及我国标准化法的规定，企业标准的水平和严格程度应当高于它的上级标准。一种产品如果执行企业标准，意味着其质量要求严于国家标准的要求。所以国际上通常认为，企业标准是最严格的标准，这与我国目前许多人按照传统思维方式形成的认识刚好相反。许多经济发达国家并不像我国目前这样拥有 4 级标准。他们多数只有两级标准，即国家标准和企业标准。

4. 标准的属性

标准有两种属性：

（1）强制性标准，如 GB。

（2）推荐性标准，如 GB/T。协会标准是推荐性标准的一种，如 CECS。

1.3.2 常见建筑材料技术标准

建筑材料的技术标准分类国家标准、行业标准、地方标准、企业标准等，分别由相应的标准化管理部门批准并颁布。各级标准均有相应的代号，其表示方法由标准名称、标准代号、发布顺序号和发布年号组成。

1. 建筑材料各级标准的相应代号

(1) 国家标准。GB——国家标准；GBJ——建筑工程国家标准；GB/T——推荐国家标准。

(2) 行业标准（部分）。JGJ——建设部行业标准；JC——国家建材局行业标准；JT——交通部行业标准；YB——冶金部行业标准；SD——水电部行业标准；LY——林业部行业标准。

(3) 地方标准。DB——地方标准。

(4) 企业标准。QB——企业标准。

例如：《烧结普通砖》（GB/T 5101—1998），发布年号：1998 年；发布顺序号：5101；推荐标准：T；标准代号：GB；标准名称：烧结普通砖。

2. 常见建筑材料标准

(1) 砂：JGJ 52—2006、GB/T 14684—2001。

(2) 卵石（碎石）：JGJ 53—2006、GB/T 14685—2001。

(3) 通用硅酸盐水泥标准：GB 175—2007。

(4) 砌筑水泥：GB 3183—2003。

(5) 抗硫酸盐硅酸盐水泥：GB 748—2005。

(6) 白色硅酸盐水泥：GB/T 2015—2005。

(7) 石灰石硅酸盐水泥：JC 600—2002。

(8) 通用水泥质量等级：JC/T 452—2002。

(9) 混凝土试块：GB/T 50107—2001、GB/T 50081—2002。

(10) 砂浆试块：JGJ/T 70—2009。

(11) 烧结普通砖：GB 5101—2003。

(12) 烧结多孔砖：GB 13544—2000。

(13) 烧结空心砖：GB 13545—2003。

(14) 蒸压加气混凝土砌块：GB 11968—2006。

(15) 混凝土路面砖：JC/T 466—2000。

(16) 轻集料混凝土小型空心砌块：GB/T 15229—2002。

(17) 天然石材：GB/T 17670—2008、GB/T 19766—2005、GB/T 18601—2009。

(18) 石油沥青纸胎油毡、油纸：GB 326—2007。

(19) 弹性体（SBS）、塑性体（APP）改性沥青防水卷材：GB 18242—2008、GB 18243—2008。

(20) 建筑（道路）石油沥青：JTG F40—2004。

(21) 合成树脂乳液外墙涂料：GB/T 9755—2001。

(22) 合成树脂乳液内墙涂料：GB/T 9756—2009。

(23) 聚氨酯防水涂料：GB/T 19250—2003。

(24) 陶瓷砖：GB/T 4100—2006。

(25) 铝合金建筑型材：GB 5237—2008。

(26) 家用和类似用途固定式电气装置的开关：GB 16915.1—2003。

(27) 聚氯乙烯绝缘电缆：GB 5023—2008。

（28）家用及类似场所用过电流保护断路器：GB 10963—2005。

（29）PVC‐U 塑料窗：JG/T 140—2005。

（30）PVC‐U 塑料门：TG/T 180—2005。

（31）给水用丙烯酸共聚聚氯乙烯管材及管件：CJ/T 218—2005。

（32）建筑排水用硬聚氯乙烯 PVC‐U 管材：GB/T 5836.1—2006。

（33）铝塑复合压力管：GB/T 18997.1—2003、GB/T 18997.2—2003。

（34）阀门：GB/T 21465—2008。

（35）钢筋混凝土用钢热轧光圆钢筋：GB 1499.1—2008。

（36）钢筋混凝土用钢热轧带肋钢筋：GB 1499.2—2007。

（37）低碳钢热轧圆盘条：GB/T 701—2008。

（38）冷轧扭钢筋：JG 190—2008。

（39）冷拔低碳钢丝：GB 50204—1992。

（40）预应力混凝土用钢丝：GB/T 5223—1995。

（41）冷轧带肋钢筋：GB 13788—2008。

（42）冷拉钢筋 GB 50204—2002。

（43）预应力混凝土用钢丝：GB 5223—2002。

（44）建筑用轻钢龙骨：GB/T 11981—2008。

（45）彩色涂层钢板及钢带：GB/T 12754—2006。

（46）结构用不锈钢无缝钢管：GB/T 14975—2002。

（47）结构用不锈钢复合管：GB/T 18704—2008。

（48）装饰用焊接不锈钢管：GB/T 18705—2002。

（49）建筑结构用钢板：GB/T 19879—2005。

（50）合金结构钢：GB/T 3077—1999。

（51）冷拔异型钢管：GB/T 3094—2000。

（52）不锈钢冷轧钢板和钢带：GB/T 3280—2007。

（53）预应力混凝土用钢棒：GB/T 5223.3—2005。

（54）预应力混凝土用钢绞线：GB/T 5224—2003。

（55）冷弯型钢：GB/T 6725—2008。

（56）混凝土外加剂应用技术规范：GB 50119—2003。

（57）混凝土外加剂定义、分类、命名与术语：GB/T 8075—2005。

（58）外加剂：GB 8076—2008、JC 475—2004、JG/T 223—2007、GB 23439—2009、JC 473—2001、JC 475—2004、JC 474—2008、JC 477—2005。

（59）混凝土小型空心砌块灌孔混凝土：JC 861—2000。

（60）预拌砂浆：JG/T 230—2007。

本 章 练 习 题

1. 建筑材料管理工作的特殊性、艰巨性和复杂性表现在哪些方面？

2. 建筑材料管理的范围有哪些？

3. 建筑材料管理的方针、原则是什么?

4. 材料管理主要有哪两个过程?

5. 材料管理的业务内容有哪些?

6. 建筑材料的技术标准由哪些标准构成?

第2章

建筑材料的招标与合同管理

建筑材料的招标与采购是企业成本管理的一个重要组成部分，它关系到企业的成本核算和盈利空间的大小。采购货物质量的好坏和价格的高低，对项目的投资效益影响极大。《中华人民共和国招标投标法》规定，在中华人民共和国境内进行与工程建设有关的重要设备、材料等的采购，必须进行招标。为了将这方面工作做好，应根据采购标的物的具体特点，正确选择设备、材料的招投标方式，进而正确选择好设备、材料供应商。

2.1 设备、材料采购的招标

依据《中华人民共和国招投标法》的规定，采购项目的招投标一般要经过招标、投标、开标、评标和中标 5 个阶段。招标投标是分配社会资源的重要手段，通过招投标发挥竞争机制作用，将社会资源分配给管理好、技术强的企业，同时企业为了多中标、中好标，也必须加强管理，提高技术水平。

2.1.1 招标的形式

1. 公开招标（即国际竞争性招标、国内竞争性招标）

设备、材料采购的公开招标是由招标单位通过报刊、广播、电视等公开发表招标广告，在尽量大的范围内征集供应商。公开招标对于设备、材料采购，能够引起最大范围内的竞争。其主要优点有：

（1）可以使符合资格的供应商能够在公平竞争条件下，以合适的价格获得供货机会。

（2）可以使设备、材料采购者以合理价格获得所需的设备和材料。

（3）可以促进供应商进行技术改造，以降低成本，提高质量。

（4）可以基本防止徇私舞弊的产生，有利于采购的公平和公正。

设备、材料采购的公开招标一般组织方式严密，涉及环节众多，所需工作时间较长，故成本较高。因此，一些紧急需要或价值较小的设备和材料的采购则不适宜这种方式。

国际竞争性招标就是公开的广泛的征集投标者，引起投标者之间的充分竞争，从而使项目法人能以较低的价格和较高的质量获得设备或材料。我国政府和世界银行商定，凡工业项目采购额在 100 万美元以上的，均需采用国际竞争性招标。通过这种招标方式，一般可以使买主以有利的价格采购到需要的设备、材料，可引进国外先进的设备、技术和管理经验，并且可以保证所有合格的投标人都有参加投标的机会，保证采购工作公开且客观地进行。

国内竞争性招标适合于合同金额小，工程地点分散且施工时间拖得很长，劳动密集型生产或国内获得货物的价格低于国际市场价格，行政与财务上不适于采用国际竞争性招标等情况。国内竞争性招标亦要求具有充分的竞争性，程序公开，对所有的投标人一视同仁，并且根据事先公布的评选标准，授予最符合标准且标价最低的投标人。

2. 邀请招标（即有限国际竞争性招标）

设备、材料采购的邀请招标是由招标单位向具备设备、材料制造或供应能力的单位直接发出投标邀请书，并且受邀参加投标的单位不得少于3家。这种方式也称为有限国际竞争性招标，是一种不需公开刊登广告而直接邀请供应商进行国际竞争性投标的采购方法。它适用于合同金额不大，或所需特定货物的供应商数目有限，或需要尽早地交货等情况。有的工业项目，合同价值很大，也较为复杂，在国际上只有为数不多的几家潜在投标人，并且准备投标的费用很大，这样也可以直接邀请来自三四个国家的合格公司进行投标，以节省时间。但这样可能遗漏合格的有竞争力的供应商，为此，应该从尽可能多的供应商中征求投标，评标方法参照国际竞争性招标，但国内或地区性优惠待遇不适用。

采用设备、材料采购邀招标一般是有条件的，主要有：

（1）招标单位对拟采购的设备在世界上（或国内）的制造商的分布情况比较清楚，并且制造厂家有限，又可以满足竞争态势的需要。

（2）已经掌握拟采购设备的供应商或制造商及其他代理商的有关情况，对他们的履约能力、资信状况等已经了解。

（3）建设项目工期较短，不允许拿出更多时间进行设备采购，因而采用邀请招标。

（4）还有一些不宜进行公开采购的事项，如国防工程、保密工程、军事技术等。

3. 其他方式

（1）设备、材料采购有时也通过询价方式选定设备、材料供应商。一般是通过对国内外几家供货商的报价进行比较后，选择其中一家签订供货合同，这种方式一般仅适用于现货采购或价值较小的标准规格产品。

（2）在设备、材料采购时，有时也采用非竞争性采购方式——直接订购方式。这种采购方式一般适用于如下情况：增购与现有采购合同类似货物，而且使用的合同价格也较低廉；保证设备或零配件标准化，以便适应现有设备的需要；所需设备设计比较简单或属于专卖性质的；要求从指定的供货商采购关键性货物，以保证质量；在特殊情况下急需采购的某些材料、小型工具或设备。

2.1.2 招标内容及评标

1. 招标公告

×××工程材料采购招标公告

一、招标条件：

本招标项目×××工程材料采购已由×××公司批准公开招标，项目建设单位为：×××，施工单位为：×××，项目已具备招标条件，现对该工程材料采购进行公开招标。

二、招标内容及范围：

（一）本次招标材料。

（二）本次招标材料暂估数量。

（三）本次招标材料质量要求：合格产品或某个厂家的品牌材料。

三、投标人资格要求

（一）投标申请人必须具备经国家工商、税务登记注册，并取得该项产品生产经营许可证的厂家或合格供应商，并具有独立法人资格。

（二）凡具有相应投标资格的单位，须于_____年_____月_____日至_____年_____月_____日_____时带相关证件到×××项目部办理投标报名事宜并进行资格审查，只有资格审查合格的投标申请人才能参加投标。

1. 营业执照（原件副件查验、复印件留存）。

2. 税务登记证（原件副件查验、复印件留存）。

3. 法定代表人资格证明书或法人授权委托书（原件、复印件留存）。

4. 组织机构代码证（原件副件查验、复印件留存）。

5. 使用许可证（原件副件查验、复印件留存）。

（三）参与投标单位须缴纳投标保证金：人民币_____元，未中标的投标保证金 5 日内无息退还，中标人的投标保证金转为合同履约保证金。

四、招标文件的获取

（一）凡有意参加投标者，请于_____年_____月_____日至_____年_____月_____日，每日上午_____时至_____时，下午_____时至_____时（北京时间）到×××项目部持单位介绍信及法人授权委托书购买招标文件。

（二）招标文件每份售价_____元，售后不退。

（三）邮购招标文件的，需另加手续费（含邮费）_____元，招标人在收到单位介绍信和邮购款（含手续费）后 2 日寄送。

五、投标文件的递交

（一）投标文件递交的截止时间（投标截止时间，下同）为 2013 年 5 月 22 号下午 15 时 00 分，地点为×××项目部办公室。

（二）逾期送达的或者未送达指定地点的投标文件，招标人不予受理。

六、发布公告的方式（媒介）

本次招标公告同时在中国采购与招标网、××建设工程招标投标信息网、××县综合门户网上发布。

七、联系方式

招标人：×××公司×××项目部

地点：

联系人：

联系电话：

电子邮件：

网址：

2. 投标人须知

（1）招标人名称：×××项目部。

（2）招标人不统一组织投标人对工程现场进行考察，由投标人自行考察，考察项目现场所发生的一切费用由投标人承担。

（3）质量要求：质量符合国家现行合格标准。

（4）投标人资格条件、能力和信誉。

1）资格条件：具备经国家工商、税务登记注册，并取得该项产品生产经营许可证的厂家或合格供应商，并具有独立法人资格。

2）财务要求：没有处于被责令停业，投标资格被取消，财产被接管、冻结、破产状态。

3）业绩要求：具有同类工程材料供应经验（以合同书为据）。

4）信誉要求：在最近三年内没有骗取中标和严重违约及所供料出现质量问题。

（5）投标答疑时间：如有疑问请于_____年_____月_____号_____时_____分前以书面形式（加盖投标单位公章）送至×××项目部，招标人将统一组织回复答疑。

（6）投标人提出问题的截止时间：_____年_____月_____号_____时_____分前投标人通过书面形式（加盖投标单位公章）向招标人提出澄清要求并告知招标人。

（7）招标人书面澄清的时间：收到投标人澄清要求两日内。

（8）投标报价：以上招标材料采取固定单价方式报价，所报单价包括装、卸车费用及运费（送到需方施工现场指定地点）。

（9）结算：每月_____日为对账结算日。投标人中标后必须凭据盖有财务专用章的正规发票或收据与招标人进行结算，否则招标人不支付材料款。

（10）付款：根据项目不同由项目部拟定适用的付款方式。

（11）投标文件要求：同一投标人投标超过两种及以上材料应对招标材料进行分别报价。投标文件包含投标人报价单、法定代表人资格证明书或法定代表人委托代理人的委托书、营业执照、税务登记证、组织机构代码证、使用许可证，所提供的复印件均需加盖红章。投标文件及投标报价单均需加盖单位公章及法人代表章并密封盖章，封套上写明×××工程材料采购投标文件在_____年_____月_____日下午_____时_____分前不得开启。

（12）投标截止时间：_____年_____月_____日下午_____时_____分。

（13）投标保证金的交纳时间：

（14）投标保证金必须于投标截止时间24小时前到达指定账户。

（15）发生以下情况投标保证金将被没收：

1）投标人在规定的投标有效期内撤销或修改其投标文件。

2）中标人在收到中标通知书后，无正当理由拒签合同。

（16）投标签字或盖章要求：

（17）投标文件封面和密封条骑缝处及投标报价单均应加盖投标人印章并经法定代。

（18）表人或其委托代理人签字或盖章。

（19）投标文件正副本份数：一正一副，如果正本与副本不符，以正本为准。

（20）封套上写明：

×××工程材料采购投标文件在2013年5月22日下午15时00分前不得开启。

（21）投标文件递交地点：

×××项目部办公室。

3. 评标委员会的组建

以不少于5人以上的单数组成评标委员会。

4. 开标时间和地点

开标时间同投标截止时间，开标地点为×××项目部办公室。

5. 开标程序

(1) 主持人宣布开标会开始。

(2) 开标：在公司委派人的监督下招标人按规定的投标截止时间、地点公开开标，招标人组织所有投标人的法定代表人或其委托代理人参加开标会。投标人的法定代表人或其委托代理人应当按时参加开标会，并在招标人按开标程序进行点名时，向招标人提交法定代表人身份证明文件或法定代表人授权委托书，出示本人身份证，以证明其出席，并携带投标保证金缴纳凭证，否则其投标文件按废标处理。

(3) 密封情况检查：由公司委派人或投标人推选的代表检查投标文件密封情况。

(4) 开标顺序：按签到的顺序，由有关工作人员当众拆封，宣布投标人名称、投标价格及其投标保证金是否交纳等主要内容。

(5) 投标文件不符合招标文件要求的做废标处理。

(6) 招标人对开标过程进行记录，并存档备查（包括投标人的投标文件）。

6. 评标办法

招标人根据投标人的投标文件是否符合招标文件的各项要求，从提供的资格证件、产品质量、信誉及实力、售后服务、供货周期、优惠承诺等内容中选择质量好、信誉好、有资金实力、报价最低的投标人为中标人。

7. 中标

(1) 招标人将把合同授予其投标文件在实质上响应招标文件要求和按前述评标办法选出的中标人。

(2) 中标人接到中标通知书后应按中标通知书规定的时间、地点，由法定代表人或法人授权委托人前往与招标人洽谈、签订合同。

2.1.3 招投标格式

1. 投标报价单（见表 2-1）

表 2-1 投 标 报 价 单

招标人（项目部）：

投标单位名称：					
详细地址：					
企业性质：			企业负责人：		
委托人（联系人）：			联系电话：		
材料名称	规格、型号	厂家、品牌	报价	付款条件	执行标准

续表

优惠承诺：	
投标人签字、盖章：	年　月　日

注：本表适用于材料采购、设备及周材租赁报价。

2. 法定代表人授权委托书（见表2-2）

表2-2　　　　　　　　　　　　法定代表人授权委托书

授权委托书

本人＿＿＿＿（姓名）系＿＿＿＿（投标人名称）的法定代表人，现委托＿＿＿＿（姓名）为我方代理人。代理人根据授权，以我方名义签署、澄清、说明、补正、递交、撤回、修改＿＿＿＿（项目名称）的投标文件、签订合同和处理有关事宜，其法律后果由我方承担。

委托期限：

代理人无转委托权。

投　标　人：　　　　　　　　（盖单位章）

法定代表人：　　　　　　　　（签字）

身份证号码：

委托代理人：　　　　　　　　（签字）

身份证号码：

年　月　日

2.2　合同与合同管理

2.2.1　合同的基本知识

工程合同是指在工程建设过程中发包人与承包人依法订立的、明确双方权利义务关系的协议。工程合同管理是指各级工商行政管理机关、建设行政主管机关，以及建设单位、监理单位、承包单位依据法律法规采取法律的、行政的手段，对工程合同关系进行组织、指导、协调及监督，保护合同当事人的合法权益，处理合同纠纷，防止和制裁违法行为，保证合同贯彻实施的一系列活动。

1. 合同管理的主要工作

（1）建立合同实施的保证体系，确保合同实施过程中的一切日常事务性工作有秩序地进行，使工程项目的全部合同事件处于控制中，保证合同目标的实现。

1）对合同的执行情况进行监督。

2）对合同的实施进行跟踪。

3）进行合同变更管理。

4）索赔管理和反索赔。

（2）合同实施控制。工程施工的过程就是施工合同的实施过程。要使合同顺利实施，合同双方必须共同完成各自的合同责任。不利的合同使合同实施和合同管理非常艰难，但通过有力的合同管理可以减轻损失或者避免更大的损失。而如果在合同实施过程中管理不善，没有进行有效的合同管理，即使是一个有利的合同也不会有好的经济效益。合同实施控制程序如下：

1）工程实施监督。目标控制首先应表现在对工程活动的监督上，即保证按照预先确定的各种计划、设计、施工方案实施工程。工程实施状况反映在原始的工程资料（数据）上，例如质量检查报告、分项工程进度报告、记工单、用料单、成本核算凭证等。工程实施监督是工程管理的日常事务性工作。

2）跟踪，即将收集到的工程资料和实际数据进行整理，得到能反映工程实施状况的各种信息。如各种质量报告，各种实际进度报表，各种成本和费用收支报表及它们的分析报告。将这些信息与工程目标，如合同文件、合同分析文件、计划、设计等进行对比分析。这样可以发现两者的差异。差异的大小，即为工程实施偏离目标的程度。如果没有差异，或差异较小，则可以按原计划继续实施工程。

3）诊断，即分析差异的原因，采取调整措施。差异表示工程实施偏离了工程目标，必须详细分析差异产生的原因和它的影响，并对症下药，采取措施进行调整，否则这种差异会逐渐积累，越来越大，最终导致工程实施远离目标，甚至可能导致整个工程的失败。所以，在工程过程中要不断地进行调整，使工程实施一直围绕合同目标进行。

（3）合同监督。

1）落实合同计划。

2）协调各方的工作关系。在合同范围内协调项目组织内外各方的工作关系，切实解决合同实施中出现的问题。

3）严格合同管理程序。

4）文件资料及原始记录的审查和控制。

（4）合同的跟踪。在工程实施过程中，合同实施常常与预定目标发生偏离。合同跟踪可以不断地找出偏离，不断地调整合同实施过程，使之与总目标一致。合同跟踪是合同控制的主要手段，是决策的前导工作。在整个工程过程中，合同跟踪能使项目管理人员一直清楚地了解合同实施情况，对合同实施现状、趋向和结果有一个清醒的认识。

（5）合同的诊断。合同诊断是对合同执行情况的评价、判断和趋向分析、预测。

（6）合同纠偏。通过诊断发现差异，即表示工程实施偏离了工程目标，必须详细分析差异的影响，对症下药，及时采取调整措施进行纠正。以免差异逐渐积累，越来越大，最终导致工程的实施远离计划和目标，甚至导致整个工程的失败。

（7）合同实施后评价。在合同执行后必须进行合同后评价，将合同签订和执行过程中的利弊得失、经验教训总结出来，作为以后工程合同管理的借鉴。

2. 合同变更管理

（1）合同变更产生的原因。

1）业主的原因：如业主新的要求，业主指令错误，业主资金短缺、倒闭、合同转让。

2）勘察设计的原因：如工程条件不准确、设计的错误。

3）承包商的原因：如合同执行错误、质量缺陷、工期延误。

4）合同的原因：如合同文件问题，必须调整合同目标，或者修改合同条款。

5）监理工程师的原因：如错误的指令等。

6）其他方面的原因：如工程环境的变化、环境保护要求、城市规划变动。

（2）合同变更程序。在实际工程中，业主或者监理工程师可以行使合同赋予的权利，发出工程变更指令，承包商也可提出变更申请。变更协议一经批准，与合同一样有法律约束力。

2.2.2 材料采购合同

材料采购合同的签订阶段，双方如何在平等、互利的基础上订立合同条款，是合同签订过程中的关键。采购合同类似买卖合同，所谓买卖合同是出卖人转移标的物的所有权于买受人，买受人支付价款的合同。买卖合同条款主要包括标的物的名称及规格、数量、单价和金额、标的物的验收、标的物的权属转移、交付期限和地点、付款方式及风险承担。具体到签订材料采购合同时，首先要对采购的材料进行全面了解，包括产品规格及特性、计价单位、验收标准、存放要求等。材料员应会同相关管理者、质检人员一起签订合同，签订过程中要注意的问题，包括产品的特性、运输方式及存放要求、验收标准、运费负担、付款方式、争端解决方式和出现不可抗力时的责任分担、质保期及对质保金的规定。特别要指出的是：

（1）《中华人民共和国合同法》（以下简称《合同法》）第 145 条规定："当事人没有约定交付地点或者约定不明确，标的物需要运输的，出卖人将标的物交付给第一承运人后，标的物的毁损、灭失的风险由买受人承担。"由此看来，在签订采购合同时，一定要注明具体的交付地点，避免不必要的风险承担。

（2）关于在途运输标的物的风险转移。《合同法》第 144 条规定："出卖人出卖交由承运人运输的在途标的物，除当事人另有约定的以外，毁损、灭失的风险自合同成立时起由买受人承担。本着对采购方（即买受人）有利的角度出发，在签订合同时，应明确约定标的物在运输途中出现的毁损、灭失由出卖人负责，把可能出现的风险降到最低。

（3）违约金的问题。《合同法》第 114 条规定：违约金和违约行为造成的损失有密切联系，若违约金低于损失，可以请求法院予以增加，反之，可以要求法院予以减少。在实际签订合同中，应本着诚实信用、公平的原则，最好不约定违约金。如需约定，双方要制定合理的违约金范围，当发生违约事实时，不至于严重损害一方权益。

在合同的履行阶段，不只是静止地按条款履行合同，而是在动态和变化中履行合同。由于双方经济利益的不同，对合同条款的理解、履行的程度均会有所不同，不仅在由谁履行上会产生理解差异，还会在履行多少、履行后果以及不履行的责任上产生争端。因此，譬如材料在进场验收时，材料人员应结合质检、工程相关人员，双方应本着互利、双赢的原则，最大限度地履行合同承诺。如产品进场验收合格，要及时组织进场卸货、存放、保管，及时办理入库与结算；如产品不合格，应及时与供货商协调、退货、办理相关退货手续，维护双方良好的信誉。

需要注意的两个问题如下：

（1）合同主体与授权签约人的问题。通过本人多年签订工程材料合同的经验，在签订合同之前，对方最好能提供以下资料：①年检合格并加盖企业公章的营业执照；②法人身份证明和身份证复印件；③如果合同签订人不是法人，还要提供一份法人授权委托书和加盖企业公章的被委托人身份证复印件。

（2）关于合同履行完毕后付款的问题。付款的前提条件是签订的合同合法、有效，并已经按合同要求履行完毕。买受人付款时，除应向合同签订人索要上述提到的资质证件外，还要核实合同内容、原始单据及已履行债务情况。特别要注意的是，当经办人与合同主体不一致时，应向经办人索要债权转移证明和授权委托书，以上手续齐全后，才可办理付款。若付款不是一次性付清，而是分几次付清的，买受人在付最后一笔款项时，要与之签订合同终止协议书，作为原合同的附件存档。这样做是为了防止发生出卖人因合同付款不及时而要求赔偿的诉讼纠纷。

2.3　材料采购合同样本

材 料 采 购 合 同

（范本）

（合同编号：　　　　　）

甲方：＿＿＿＿＿＿＿＿＿＿＿＿＿＿＿＿＿＿＿＿＿＿＿＿＿＿＿＿＿＿

乙方：＿＿＿＿＿＿＿＿＿＿＿＿＿＿＿＿＿＿＿＿＿＿＿＿＿＿＿＿＿＿

材 料 采 购 合 同

合同编号：_____

购货单位：（以下简称甲方）_____

供货单位：（以下简称乙方）_____

甲乙双方本着平等、诚实、信用、互利原则，在充分友好协商的基础上，双方就以下合同有关事宜达成一致，特订立本合同，以供双方共同遵照执行。

第一条　合同标的

货物品名	规格型号	单位	数量	单价	总价	交货周期
						接订单后　　天
						接订单后　　天
						接订单后　　天
						接订单后　　天
合计				_____元		

第二条　产品的交货单位、交货方法、运输方式、到货地点

1. 产品的交货单位：_____。

2. 交货方法，按_____执行。

3. 到货地点和接货单位（或接货人）_____。

4. 产品包装要求及规格：_____。

5. 现场卸货由_____负责。

第三条　产品的质量和验收标准，按_____

_____执行。

第四条　结算方式及期限：_____

_____。

第五条　双方的权利和义务

1. 乙方必须向甲方提供营业执照、生产许可证、产品合格证、化验报告等资料交付甲方。未能完整交付货物及本款规定的单证的必须负责补齐，否则为未按约定交货。

2. 乙方不能按时交货的，应向甲方偿付不能交货部分货款的_____％（普通产品的幅度为1％～5％，专用产品的幅度为10％～30％）的违约金。

3. 乙方所交产品品种、型号、规格、花色、质量不符合合同规定的，如果甲方同意利用，应当按质论价；如果甲方不能利用的，应根据产品的具体情况，由乙方负责包换或包修，并承担修理、调换或退货而支付的实际费用。乙方不能修理或者不能调换的，按不能交货处理。

4. 乙方因产品包装不符合合同规定，必须返修或重新包装的，乙方应负责返修或重新包装，并承担支付的费用。甲方不要求返修或重新包装而要求赔偿损失的，乙方应当偿付甲方该不合格包装物低于合格包装物的价值部分。因包装不符合规定造成货物损坏或丢失的，乙方应当负责赔偿。

5. 甲方应及时验收货物并付款。

6. 双方保守对方商业机密。

第六条　不可抗力

甲乙双方的任何一方由于不可抗力的原因不能履行合同时，应及时向对方通报不能履行或不能完全履行的理由，在取得有关主管机关证明以后，允许延期履行、部分履行或者不履行合同，并根据情况可部分或全部免予承担违约责任。

第七条　其他

按本合同规定应该偿付的违约金、赔偿金和各种经济损失，应当在明确责任后_____天内，按银行规定的结算办法付清，否则按逾期付款处理。但任何一方不得自行扣发货物或扣付货款来充抵。

解决合同纠纷的方式：凡因履行本合同所发生的或与本合同有关的一切争议，甲、乙双方应通过友好协商解决；如果协商不能解决，应向有管辖权的法院提起诉讼，诉讼费用和胜诉方的律师费用应由败诉方承担。

本合同自_____年_____月_____日起生效，合同执行期内，甲乙双方均不得随意变更或解除合同。合同如有未尽事宜，须经双方共同协商，做出补充规定，补充规定与本合同具有同等效力。

本合同一式_____份，甲方执_____份，乙方执_____份，双方签字盖章生效。

甲方：　　　　　　　　　　　　　乙方：
（盖章）　　　　　　　　　　　　（盖章）

法定代表人（负责人）或　　　　　法定代表人（负责人）或
授权代表（签字）：　　　　　　　授权代表（签字）：

签订日期：　　　　　　　　　　　签订日期：

地址：　　　　　　　　　　　　　地址：

邮编：　　　　　　　　　　　　　邮编：

联系人：　　　　　　　　　　　　联系人：

电话：　　　　　　　　　　　　　电话：

传真：　　　　　　　　　　　　　传真：

开户银行：　　　　　　　　　　　开户银行：

账号：　　　　　　　　　　　　　账号：

税号：　　　　　　　　　　　　　税号：

本章练习题

1. 采购项目的招投标一般有哪几个阶段？
2. 招标的形式一般有哪几种？
3. 采购合同条款主要有哪些内容？
4. 采购材料时，供货方必须提供哪些资料和报告？

第3章

建筑材料市场调查分析

我国的建材市场目前正处在一个大开放、大变革、大整合、大发展的历史时期。但一些施工企业在当前买方市场条件下，部分材料的采购价格仍然一路走高。其原因不外乎企业没有建立自己的供货渠道和价格信息系统，对市场行情了解不够，不了解国际市场对国内市场和行业市场、国内市场对区域市场和小市场的影响，以及这些市场对企业所需材料价格的影响，造成企业的供应商单一，制约了企业的材料供应。通过对建材市场的调查，可以了解建材市场的行情和相关知识，了解不同品种不同规格的建筑材料的销售使用情况，了解建材供应厂商的分布情况、供应状况及需求状况等，为以后的材料管理工作做好前期的准备工作，也为编制建筑材料供应计划，进行材料采购管理，材料储备管理等提供依据。

3.1 市场和建筑市场

3.1.1 市场

1. 市场的原始定义

市场是商品交换的场所。

2. 市场的构成

市场由市场主体、市场客体、市场规则、市场价格、市场机制构成。

3. 市场分类

（1）按交易场所的实体性分为有形市场和无形市场。

（2）按供货的时限特性分为现货市场和期货市场。

3.1.2 建筑市场

1. 建筑市场的概念

（1）定义：建筑市场是建筑活动中各种交易关系的总和，是一种产出市场，是国民经济市场体系中的一个子系统。

（2）建筑活动：按照《中华人民共和国建筑法》的规定，是指各类房屋建筑及其附属设施的建造和与其配套的线路、管道、设备的安装活动。

（3）交易关系：包括供求关系、竞争关系、协作关系、经济关系、服务关系、监督关系、法律关系等。

2. 建筑产品的特点

（1）建筑产品的固定性及生产过程的流动性。

（2）建筑产品的个体性和其生产的单件性。

(3) 建筑产品的投资额大、生产周期和使用周期长，而且建筑产品工程量巨大，消耗大量的人力、物力。在较长时期内，投资可能受到物价涨落、国内国际经济形势的影响，因而投资管理非常重要。

(4) 建筑产品的整体性和施工生产的专业性。

(5) 产品交易的长期性，决定了风险高、纠纷多，应有严格的合同制度。

(6) 产品生产的不可逆性。

3. 建筑市场的特点与构成

(1) 建筑市场的特点。

1) 建筑产品交易一般分三次进行：

① 可行性研究报告阶段：业主与咨询单位之间的交易。

② 勘察设计阶段：业主与勘察设计单位之间的交易。

③ 施工阶段：业主与施工单位之间的交易。

2) 建筑产品价格是在招投标竞争中形成的。

3) 建筑市场受经济形势与经济政策的影响大。

(2) 建筑市场的构成。

1) 建筑市场的主体（业主、承包商、中介服务组织）。

① 业主：政府部门、企事业单位和个人（具有相应的建设资金办妥项目建设的各种准建手续，承担在建筑市场上发包项目建设的咨询、设计、施工任务）。

② 承包商：建筑施工单位（拥有一定的生产能力、机械装备、技术专长、流动资金，具备承包工程建设任务的营业资质，在工程市场中能按业主的要求，提供不同形态的建筑产品，并最终得到相应的工程款）。

③ 中介服务组织：咨询服务机构和其他建设专业中介服务机构（对建设进行估算测量、咨询代理、建设等高智商服务，并取得服务费用）。

中介服务组织的分类：

a. 协调和约束市场主体行为的自律性组织。

b. 为保证公平交易、公平竞争的公证机构。

c. 为监督市场活动、维护市场正常秩序的检查认证机构。

d. 为保证社会公平、建立公正的市场竞争秩序的各种公益机构。

e. 为促进市场发育、降低交易成本和提高效益服务的各种资讯、代理机构，即工程咨询服务机构。

2) 建筑市场的客体。建筑市场的交易对象，即建筑产品。包括：有形的产品（如建筑工程、建筑材料和设备、建筑机械、建筑劳务等）；无形的产品（如各种咨询、监理等智力型服务）。

3) 建设工程交易中心。交易中心是由建设工程招投标管理部门或政府建设行政主管部门授权的其他机构建立的、自收自支的非盈利性事业法人。它根据政府建设行政主管部门的委托实施对市场主体的服务、监督和管理。

职能范围包括建设项目的报建、招标信息发布、合同签订、施工许可证的申领、招投标、合同签订等活动。一个城市只有一个交易中心。

4) 建筑市场的资质管理。对建筑工程的勘察设计单位、施工单位和工程咨询监理单位实行资质管理；对从事建设工程的单位和专业技术人员进行从业资格审查，以保证建设工程的质量和安全。

3.2　建筑材料市场概况

3.2.1　建筑材料市场发展态势

我国是世界上最大的建筑材料生产国和消费国。主要建材产品，如水泥、平板玻璃、建筑卫生陶瓷、石材和墙体材料等产量多年居世界第一位。同时，建材产量质量不断提高，能源和原材料消耗逐年下降，各种新型建材不断涌现，建材产品不断升级换代。建材工业的发展已进入重大转折时期，进入主要依靠自主创新和经营管理制胜的新时代。由单纯追求产能规模的扩张转向追求质量和效益的提升；由原材料制造业为主转变为加工制品为主；技术上由从对国外先进技术的模仿跟进转向自主创新；由粗放式的无序、准无序竞争转向规范有序的竞争。

2004 年，中国建材行业受到政府宏观调控的影响，产业政策调整对某些建材企业造成了一定冲击。2005 年行业发展仍继续保持高速发展态势，产量与销售额总体上稳健增长；中国建材行业发展的宏观经济环境和投资环境依然较好。

2006 年，建材行业经济运行总体保持又快又好发展态势。生产销售增速明显加快，经济运行质量进一步提高，产业结构有了新的改善。规模以上建材企业完成工业总产值（现价）13 275 亿元，增长 29.1%；完成主营业务收入 11 534 亿元，同比增长 29.3%；实现利润 603 亿元，增长 47.1%。

2008 年我国建材工业完成增加值 5240 亿元，按可比价格计算，比上年增长 20.7%，实现主营业务收入 16 300 亿元，比上年增长 30%；实现利润总额 950 亿元，比上年增长 10%。

2009 年，在国家实施"保增长、扩内需、调结构、惠民生"一揽子措施的推动下，我国建材工业克服国际金融危机的不利影响，总体保持了较快增长，主要建材产品生产销售增速回升，价格水平止跌回稳，经济效益稳定增长，建材投资热情高涨，结构调整取得新的成效。

2013 年，我国建材工业"稳中有进"，产量持续增长，营收增速加快，投资理性保压，结构平稳调整，质量效益改善。2013 年，建材工业完成主营业务收入 6.3 万亿元，同比增长 16.3%。

2014 年 1～6 月，我国建材产业加快结构调整，大力延伸产业链，发展加工制品业，产业结构不断优化，全行业运行总体态势良好；建材产业实现主营业务收入 2.2 万亿元，同比增长 13.2%；实现利润总额 1410 亿元，同比增长 21.8%；建材产业完成固定资产投资 6199 亿元，同比增长 14.3%。

我国传统建筑材料通过调整结构，在提高产品质量、增加优质品种的同时，将呈低速稳步增长的态势，而满足房屋装饰装修、改善居住功能要求、对人体和环境无不良影响、适应需求结构变化和可持续发展要求的各种"绿色"新型建材产品和建筑装饰装修材料将成为发展的主流和方向。

3.2.2 建筑材料市场需求分析

国家拉动经济增长的各项宏观调控政策是我国建材和装饰市场发展前景广阔的主要原因。我国现阶段经济发展的特性，决定今后若干年内对建材工业产品需求将维持一个较大的总量。我国当前乃至今后一个较长时期，经济发展仍将处在一个较为特殊的时期，这就是城市化进程的时期。城市化是国民经济发展的必然结果，国民经济发展在一定时期离不开农村人口转移所产生的消费市场机遇。截至目前我国有 688 个城市，城市总人口为 2.3 亿，加上镇的人口共 3.8 亿人。我国城市人口占总人口的比重只有 30%，与其他同等人均收入水平的国家相比，平均低 12 个百分点。住宅建设经历了近 20 年的连续增长之后已具有相当可观的规模。目前现阶段住宅建设仍将处于增量型发展时期，但是随着人民生活水平的提高和住宅制度改革的推进，住宅建设也将向数量与质量并重的新阶段发展。今后若干年内，我国的城市化进程将会持续发展，由此将给建筑业、建材业以及建筑装饰装修业带来无限的商机，也必将给整个国民经济发展带来巨大的推动力。

3.3 建筑材料采购方式和销售模式

3.3.1 建筑材料采购方式

建筑材料的工程项目销售具有时间跨度长、以大批量集团采购为主或单笔交易金额大且业主、承包商、分包方、设计师、监理等各方购买关系异常错综复杂的特点。要深入了解建材工程市场的运作就必须从建筑工程项目构成、通常采取的采购方式这两点的了解来入手。

1. 建筑工程项目构成

（1）甲方：又称为投资方，或发包方，与工程施工总承包发包是不同概念的，一般在工程现场，由投资方派出若干名代表，对工程施工质量、施工进度、材料品质控制、预算控制，以及现场变更协调工作。投资方派出的代表简称为甲方代表，而通常俗称的甲方就是指甲方代表。

（2）乙方：又称为施工总承包方，简称为施工方，但不是指总承包方下的一级、二级等级别的施工承包队伍，乙方是直接与甲方签订总承包合同的具有法人资质的企业。

（3）施工分包方：多指在施工总承包方承揽一部分施工任务的施工队。施工分包方不具有在该项目上直接与甲方对话的权力。

（4）丙方：即监理方，是受甲方委托的专业监理公司，在施工现场进行施工质量、进度、成本方面的控制监督。其主要监督施工方。施工方的许多施工流程的资料都需要上报监理方检查、审批。

（5）设计方：对工程项目的土建部分、水电安装部分、室内外装修部分工程进行方案设计的专业设计院所。

（6）材料供应方：是向该建筑工程项目供应建材的厂家或者商家。

（7）材料检测中心：各省的质量技术监督局下辖的各种材料检测中心或者各大院校具有一定资质的检测中心。主要负责材料抽查检验，出示材料是否合格的检测报告。

2. 工程项目材料的采购类型

通常来说根据工程项目的采购类型不同又有以下 5 种采购方式：

（1）甲方指定品牌、甲方采购：这种采购行为相对比较规范，程序上因为不涉及到乙方等的利益相对来说比较简单，甲方对于项目的认可即可以确定项目的成交。

（2）甲方指定品牌、乙方采购、乙方负责货款发放：此种方法，既要获得甲方的工作，获取甲方认可和推荐，又要获得乙方认可。此种方式确保货款顺利回收的前提是要合理处理好甲、乙方关键采购人关系。否则货款很难回收。

（3）甲方指定品牌、乙方采购、甲方明确某项材料款数额标准，并督导乙方采购相匹配的品牌，此种方式，既要做甲方的工作，获取甲方认可和推荐，又要做乙方工作，靠品牌、品质、价格、服务获取乙方认可。此种方式确保货款回收的前提是务必处理好甲方关系，有了甲方的认可，乙方无论在价格、配送、货款支付方面都会配合得很好。

（4）甲方将材料全部总包给乙方，乙方自行采购，这种情况下，乙方获得项目的认可就可以成交，采购决策上相对比较简单。

（5）乙方定品牌、乙方下面的施工承包队自行采购，承包队支付货款。此种方式，合作关键点在于获得乙方的认可，同时又要获得施工队老板的认可。

3.3.2　建筑材料市场销售模式

目前中国建材销售主要有以下四种渠道：一种是公司总部直接组建工程直销渠道（针对全国大型房地产、家装公司、工装公司、各个省区重大型工程项目主管部门进行拓展）；第二种是 KA 卖场（例如好美家、百安居、红星美凯龙、东方家园等）；第三种是传统渠道（各级区域经销、经销，以及分销网络体系）；第四种是隐性渠道（各类型设计院，质量技术监督局，各地建委科技推广处，各地建材的省厅、市县、乡镇主管部门），当然很多建材厂家也把家装公司、工装公司、房产公司根据其总部统一采购的特点，将此渠道单独划分开来，专门进行拓展，但总体上其还是属于上述的第一种渠道。上面阐述的是工程采购，不涉及 KA 卖场的运作。

建筑工程材料设备的产品属性是工业品，具有工业品的购买次数少、专家购买、购买程序复杂、金额大，以及工程项目的不定期性、周期较长、技术性强、集体决策、公开招标等特征。

建筑工程材料的市场结构大致可分为四类：世界 500 强企业、合资企业、国内大型民营企业和各地小型生产厂。中低端产品市场则是国内企业集中角逐的舞台，竞争者众多且产品同质化程度极高，已经进入了完全竞争的态势。除了一些国际建材品牌，例如立邦涂料、LG 塑胶地材、欧文思科宁外墙节能系统、飞利浦照明、GE 照明等，国内的很多公司日子普遍很不好过。

国内企业在建立全国性的销售网络时，大都根据产品实际成本和合理生产利润提供给经销商，经销商在此基础上加价出售，差价部分扣除税收和费用后作为经销费返还乙方。经销商大多分布在全国各地。经销商大多利用各种方法在当地大搞关系活动，以此来获得信息甚至订单。

随着我国经济结构的战略性调整及战略性新兴产业、绿色建筑产业的发展，势必带动建材产品的需求结构变化和新产品开发。水泥制品、节能玻璃及玻璃深加工产品、电子平板显示玻璃、太阳能玻璃、低辐射镀膜玻璃、新型墙体材料及复合多功能墙体、节能型门窗及屋面材料、防火抗震隔声保温材料、玻璃纤维及树脂基复合材料制品及各种新材料、新能源和节能环保材料等将成为新的需求增长点。未来产品需求的绿色化、多功能化和高品质化发展趋势将更加突出，兼具绿色、节能、环保等多种功能的高品质建材产品将成为未来新的发展主体，其市场空间也将随之进一步扩大。

3.4　市场的调查分析

市场调查是取得直接市场资料的基本方法。市场调查分析根据调查主、客体的不同分为营销市场调查分析和采购市场调查分析。通过市场调查，企业管理者可以了解市场行情，做到心中有数。这不但可以提高经济管理的水平，改善企业的服务质量和提高企业经济效益；而且还是市场预测必不可少的前提和基础，市场调查为市场预测提供可靠的资料。

3.4.1　市场调查的类型和方式

市场调查是应用科学的方法，系统、全面、准确及时地搜集、整理和分析市场现象的各种资料的过程，是有组织、有计划地对市场现象的调查研究活动。通过市场调查所取得的市场资料，客观地描述了市场状况，并且可以分析研究市场发展变化的规律。同时，通过市场调查所取得的市场资料又是进行市场预测的重要依据。由于市场现象的复杂性和市场经营多方面的需要决定着市场调查不能只用单一的方法，从某一个方面进行，而是必须应用各种方法对市场进行全面系统的调查。从各种角度分类，将市场调查区分为不同的类型，有利于对市场调查全面系统的理解，也有利于市场调查实践中明确调查目的和确定内容。因此市场调查可以从各种角度区分为多种类型。

1. 根据购买商品目的不同，分为消费者市场调查和产业市场调查

这所说的消费者市场，是指消费者为满足个人或家庭消费需要而购买生活资料或劳务的市场，又称生活资料市场。产业市场，是指生产各为满足生产活动需要而购买生产资料或劳务的市场，又称生产资料市场：这两种类型的市场，不论是从购买商品的对象、购买的商品上看，还是从购买活动的特点上看，都有所不同。消费者市场的商品购买者是消费者个人，购买的商品是最终产品，主要是生活资料，购买活动是经常的、零星的或少量的，并且由于商品消费是可以相互代替的，因而购买活动具有一定弹性的特点，购买者一般缺乏专门的商品知识，服务质量的高低对商品的销售量影响极大。产业市场的商品购买者主要是生产企业、事业单位；购买的商品是最初产品和中间产品，或者为生产资料；购买活动具有定期的、大量的和缺乏一定弹性的特点；同时产业市场的购买者有专门知识，一般都有固定的主见。尽管消费者市场同产业市场不同，但两者之间有着密切的联系。它们之间的最基本的联系，就是生产者市场的商品购销活动要以消费者市场为基础。因为消费者市场所反映的需要才是真正的最终消费需要。

必须指出，在实践中可能有些生产部门和生产企业，同最终消费者从来不发生接触、业务往来，即便如此，它的经营活动目的仍然是为了最终消费者，还要依据最终消费者的需要而生产。

2. 根据商品流通环节不同，分为批发市场调查和零售市场调查

（1）批发市场调查。批发市场调查就是对批发市场的规模、参与者、流通渠道及商品交易状况所进行的调查。批发市场的主要职能是把社会产品从生产领域输送到流通领域，是商品进入流通领域的第一个环节，沟通着产销之间、城乡之间、地区之间的经济联系，流通的商品批量大、数量多，既包括生产资料商品，也包括生活资料商品。因此，搞好批发市场对促进商品流通，保证市场商品供应，具有十分重要的意义。

其调查的主要内容有：批发市场的参与者及构成情况，流转环节的层次；批发商业网点的布局；商品价位及购销形式；管理状况等。

（2）零售市场调查。零售市场调查主要是指对零售市场的商品的供需以及零售渠道和网点情况分布调查。零售市场是商品流通的最终环节，主要满足个人的生活消费和企事业单位非生产性消费，与人民生活有着密切的关系。对零售市场的调查，可以了解消费需要的动向，对于企业调整经营结构，改进经营管理，提高经营决策水平，具有十分重要的意义。

零售市场调查的主要内容是：

1）零售市场参与者的调查。我国零售市场是一个国有、集体、私营、个体等多种经济形式并存的、开放式的竞争市场。因此，要调查各参与者及其在社会零售商品流转额中的比重变化，了解各种形式的情况，以便采取相应措施，发挥各自的作用。

2）零售商业企业类型、零售商业网点分布的调查。零售商业企业是零售市场交易活动的主体，按照不同的角度有不同的分类，如按照经营的商品情况分为综合商店与专业商店；按经营规模大小分为大、中、小型商店；按经营特点分一般、超市、信托、邮购、流动等商店。各种类型都有自己的经营优势和不足之处。这就需要相应搭配、合理分布，发挥各自优势成互补结构，更好地为社会服务。同时，也可以通过调查，了解本企业的情况及所处的环境，对自身的经营位置、特点、方式作出科学的决策。

商品零售是为了满足个人或社会集团生活消费的商品交易。零售市场调查主要是调查不同经济形式零售商业的数量及其在社会零售商品流转中的比重，并分析研究其发展变化规律；调查零售市场的商品产销服务形式；调查零售商业网点分布状况及其发展变化；调查消费者在零售市场上的购买心理和购买行为；调查零售商品的数量和结构等。

3. 根据产品层次、空间层次、时间层次不同，可区分为各种不同类型的市场调查

（1）市场调查按产品层次不同，可区分为很多不同商品类别或商品品种的市场调查。如按市场商品大类可分为食品类、衣着类、文娱用品类、日用品类、医药类、燃料类等的市场调查。按商品大类进行的市场调查，其资料可以用来研究居民的消费结构及其变化，从总体上研究市场。各种商品大类的市场调查，还可进一步区分为不同的小类或具体商品的市场调查。如食品大类商品又可区分为粮食类、副食类、蔬菜类、干鲜果类、调味品类等等小类商品的市场调查；副食类商品又可具体分为肉、禽、蛋、鱼等商品的市场调查。分商品小类和具体商品进行市场调查，所取得的资料对于研究不同商品的供求平衡，组织商品的生产与营销，提高企业的经济效益是必需的，对于从宏观上研究市场也有重要作用。

（2）市场调查按空间层次不同，可以区分为国际市场调查和国内市场调查。国内市场调查又可分为全国性、地区性市场调查；国内市场调查还可区分为城市、农村市场调查。不同空间或地域的市场，具有商品需求数量和结构的不同特点。按不同空间层次所组织的市场调查资料，对于研究不同空间市场的特点，对于合理地组织各地区商品生产与营销，进行地区

间合理的商品流通，是十分重要的依据。

（3）市场调查按时间层次不同，可分为经常性、一次性、定期性市场调查。经常性市场调查是对市场现象的发展变化过程进行连续的观察；一次性市场调查则是为了解决某种市场问题而专门组织的调查；定期性市场调查是对市场现象每隔一段时间就进行一次的调查。它们分别研究不同的市场现象，满足市场宏观、微观管理的需要。

市场调查按产品、空间、时间层次不同所做的划分，不是孤守的，而是相互联系的。某一次具体的市场调查，必然归属于某种产品、空间、时间层次，而且同时归属于这三种分类中的某一类。在市场调研的实践中，这种相互结合的归类，主要是由调查目的和市场现象本身的特点所决定的。

4. 根据市场调查目的和深度不同，市场调查可区分为探索性调查、描述性调查，因果关系调查和预测性调查几种类型

（1）探索性市场调查，也称非正式市场调查。其目的主要是对市场进行初步探索。探索性调查是在情况不明时，为了找出问题的症结和明确进一步深入调查的具体内容和重点，而进行的非正式的初步调查。例如，在营销过程中，发现某种商品的销售突然发生变化，要弄清原因、关键在哪里：是商品质量问题、价格问题，还是销售渠道问题、广告宣传问题或其他问题。这就需要用探索性的调查方法来寻找答案，初步发现问题的症结所在，为进一步调查做好准备。

探索性调查，一般不必制订严密的调查方案，往往采取简便的方法，要求调查人员有敏锐的洞察力，高度的想象力和创造力，及时掌握一些初步信息资料，以便较快地得出调查的初步结论。

这类调查收集资料的途径主要有：第一，收集第二手资料，如政府统计公报、学术刊物的研究文章等；第二，访问熟悉调查主题的专家、业务人员、用户等，或约请他们座谈；第三，参考以往类似的实例。

（2）描述性调查。描述性调查是指对需要调查研究的客观事实的有关资料进行收集、记录、分析的正式调查。这类调查比探测性调查更深入精细，需要事先拟订调查方案，进行实地调查，搜集第一手资料。其目的是要摸清问题的过去和现状，并在此基础上，寻求解决问题的办法与措施。例如，市场潜在需求调查、商品普及率调查、市场占有率调查、消费行为调查、竞争调查、新产品开发调查等，均属于描述性调查。

（3）因果关系调查。因果关系调查是指为了弄清有关市场变量之间的因果关系而进行的专题调查。在市场经营中，常常是多种因素影响商品的销售，某些因素之间存在着因果关系，如价格与销售量、广告与销售量的关系等。在众多影响销售的因素中，哪一个因素起主导作用？这就需要对它们之间的因果关系或变化规律进行调查分析。因果关系调查以搜集有关市场变量的数据资料为主，并运用统计分析和逻辑推理的方法，找出它们之间的相互关系，判明何者是原因（自变量），何者是结果（因变量）。可见，因果关系调查是在描述性调查的基础上，对某些问题调查的进一步深化，是为了找出问题关键、探讨解决办法的一个重要步骤。

（4）预测性调查。预测性调查是指通过搜集、整理和分析历史资料与现在的各种市场情报资料，运用数学方法，对未来可能出现的市场商情变动趋势进行的调查。这类调查属于市场预测的范围，是在描述性调查和因果性调查的基础上，对市场的潜在需求进行的估算、预

测和推断。在市场竞争激烈的情况下，为了避免企业盲目生产和进货，以致造成产销脱节或购销脱节，就必须进行市场调研和预测市场潜在需求，才能把握市场机会。

5. 根据市场调查的方式不同，市场调查可以区分为全面调查和非全面调查

（1）全面调查是对市场调查对象总体的全部单位都进行调查，如市场普查；

（2）非全面调查则是对市场调查对象总体中的一部分单位进行调查。如市场抽样调查、市场典型调查、市场重点调查等。

（3）市场调查各种方式的区别，不但表现在调研对象范围不同和选取调查单位的方法不同；而且也决定着市场调查过程中搜集、整理、分析资料方法的不同。不同的市场调查的组织方式必须配合适当的搜集资料的具体方法，才能很好地完成市场调查的任务。

以上对市场调查所划分的类型，是为了对市场进行全面、系统、深入的研究，根据市场调查不同类型的特点，依据市场调查的目的，选择适当的调查方法和技术，取得满意的调查结果。上述分类是相互联系的，必须综合考虑，在市场调查实践中科学地运用。

3.4.2　建筑材料市场调查

1. 建筑材料采购市场调查与分析

采购市场调查与分析是指企业运用科学的方法，有系统、有目的地收集市场信息、记录、整理、分析市场情况，了解市场的现况及其发展趋势，从而为市场预测提供客观的，正确的资料。采购市场调查的对象一般为用户、零售商、批发商，在进行市场调查之前应确定到底对什么样的群体进行调查。因为供应商太多，一般应对信誉度高、执行合同能力强的供应商进行重点调查。如果调查中缺乏针对性，一则效果不会很明显，二则精力和时间都不允许。

（1）采购市场调查流程。

1）明确调查的目的与主题。

2）确定调查对象和调查单位。

3）确定市场调查项目。

4）决定市场调查方法。

5）确定市场调查进度。

6）估算市场调查费用。

7）撰写调查项目建议书。

（2）采购市场分析。

1）确定市场分析目标。

2）收集、分析调查资料。

（3）采购市场的调查分析机制。

1）建立重要的物资来源的记录。

2）建立同一类目物资的价格目录。

3）对市场情况进行分析研究，作出预测。

2. 做好材料市场调研基础工作

由于传统的材料设备采购手段比较单一，没有做充足的市场信息调查，导致材料设备采购时的信息不对称，从而增加了采购成本。另外，没有和供应商建立起长期合作的关系，采

购基本上都是一次性行为；供应商提供的材料不能够科学地给予管理，进场材料质量不稳定，从而使得试验和抽样的频率和费用明显增加。为合理规避和降低采购风险，实现采购预期目标，促进工程项目的顺利完成，可从以下几个方面做好市场调研基础工作：

（1）市场信息管理，是搞好政府投资建设项目材料设备采购风险工作的基本环节。在采购领域当中，信息管理一直是一个薄弱环节，"重政府采购业务操作，轻政府采购信息管理"的现象较为普遍，不利于政府采购事业的推广与发展，直接影响到采购活动的效率与质量。加强政府采购信息管理，可以打破信息的局限性、地域性、不对称性等不公开因素，让更多的对采购感兴趣、满足采购要求的供应商参与到采购工作中来，也给采购人提供更多的选择机会。另外，还应加强采购过程信息收集和整理工作。采购过程信息收集和整理工作主要包括三方面：一是评审专家针对采购文件中的问题，提出的合理化建议和修改意见；二是参加采购的人员根据实际工程需要提出的合理化建议；三是在采购文件中遗漏和忽视的问题。通过细心的收集和整理上述信息，进一步修改和完善采购要求，重新发给各投标人，以实现采购到性价比最优产品的目的。

（2）对拟采购材料设备和潜在供应商进行必要的考察、分析和筛选。在采购前对不了解的产品和供应商进行考察十分必要，一方面可以增加对产品的性能、质量、供应商综合实力等方面的了解，便于明确拟采购产品的定位和技术要求，让质量、档次基本处于一个水平线的供应商参加投标；另一方面可以货比三家，在采购工作中占据主动，避免被一时的虚假现象所蒙蔽，掉进"远期陷阱"，在一定程度上规避了采购风险。

（3）选择好采购方式，做到事半功倍。采购方式原则上应该以公开招标采购方式为主。但工程类项目材料设备政府采购方式的选择更应该遵循实事求是、具体情况具体分析的原则，对于工期比较紧张、价格难以确定、编制的采购文件存在需要进一步明确而又暂时无法明确等情况，比较适合采用竞争性谈判的方式进行采购。这种采购方式比较灵活，在谈判的过程中可以进一步明确并完善我们的具体要求。采用竞争性谈判的采购方式可以弥补招标方式的缺陷和不足，解决因材料设备品目的繁杂性、技术的复杂性、设计的不充分性、价格的多样性、时间的不确定性等原因造成的紧急采购需求，满足采购人不同的采购要求，提高采购工作效率，规避采购风险，提高财政资金的使用效益。

（4）严把合同履约。材料设备合同履约中的变更控制是一个复杂的系统工程，其变更控制涉及项目建设管理部门、监理公司、设计部门和供应商各方的利益。工程类项目材料设备采购合同执行中，若遇到必须调整的项目，项目现场管理部门必须及时上报，经技术主管部门、造价控制等有关部门现场核实后重新采购或与原供应商签订合同（补充合同），这是强化采购合同监督管理的重要措施。

3.4.3 市场调查的内容

1. 收集材料供应消息

工程材料采购，首先要做好市场调查，搜集供应信息与资料，拟订与更新合格供应商名录并组织对供应商按 ISO 9000 体系进行考察、评估、材料招标等工作；确定产品供应单位的合格评定，建立一批合格供货方。材料市场信息一般包括：资源信息、材料供应信息、材料价格信息、市场信息、新技术、新产品信息、国家相关政策信息。

2. 整理材料供应消息

搜集各种材料的信息，并根据信息进行分类，建立与丰富《材料信息库》；每类材料至少要求三家符合我方要求的源头供应商填写《供应商调查表》并提供如下资料：

（1）供应商营业执照；

（2）资质证明；

（3）税务登记证；

（4）ISO 9000 质量体系认证书（如供应商已通过 ISO 9000 质量体系认证）；

（5）企业简介（包含：企业性质、规模、公司业绩、产品介绍等内容）；

（6）材料三证（产品安全资质证书、生产许可证、产品合格证）；质量标准（产品检测报告）样品图或照片。

对符合以上条件的供应商，可列为合格供方，并记录于《合格供方名录》上；公司所采购的材料必须选自《合格供方名录》中的供应商。

本 章 练 习 题

1. 工程项目材料的采购类型有哪几种方式？
2. 目前我国建材销售主要通过哪几种渠道？
3. 为什么要进行市场调查？
4. 根据市场调查目的和深度不同，市场调查分为哪几种类型？
5. 做好市场调研基础工作从哪几个方面入手？
6. 建筑材料市场信息一般包括哪些方面？

建筑材料的使用管理

建筑材料的使用管理是对建筑材料的计划、供应、使用等管理工作的总称。合理地组织建筑材料的计划、供应与使用，能够保证建筑材料从生产企业按品种、数量、质量、期限进入建筑工地，减少流转环节，满足生产需要，合理使用材料，最大限度地降低材料消耗，防止积压浪费，对缩短建设工期、加快建设速度、降低工程成本都有重要的意义。

4.1 材料计划与采购管理

建筑施工材料使用计划，是建筑工程整个施工阶段的施工组织管理、施工技术、工程成本控制等有关施工活动和现场材料使用情况变化的真实的基础资料，也是满足施工物资需求的最根本要素。材料费占施工总成本的 60% 左右，要想控制施工总成本，在材料管理和使用上应引起高度重视，加强管理，减少施工过程中不必要的经济损耗。施工材料使用计划在整个工程施工过程中具有非常重要的意义，所以如何编制好主要施工材料使用计划非常重要。

材料需用计划是根据工程项目设计文件、施工方案及施工措施编制的，反映构成工程项目实体的各种材料的品种、规格、数量和时间要求，是编制其他各项计划的基础。

4.1.1 编制材料计划

材料计划管理，就是运用计划手段组织、指导、监督、调节材料的采购、供应、储备、使用等一系列工作的总称。材料管理应确定一定时期内所能达到的目标，材料计划则是为实现材料工作目标所做的具体部署和安排。材料计划是企业材料部门的行动纲领，对组织材料资源，满足施工生产需要，提高企业经济效益，具有十分重要的作用。

1. 材料计划管理的任务

(1) 根据建筑施工生产经营对材料的需求，核实材料用量，了解企业内外资源情况，做好综合平衡，正确编制材料计划，保证按期、按质、按量、配套组织供应。

(2) 贯彻节约原则，有效利用材料资源，减少库存积压和各种浪费现象，组织合理运输，加速材料周转，发挥现有材料的经济效果。

(3) 经常检查材料计划的执行情况，及时采取措施调整计划，组织新的平衡，发挥计划的组织、指导、调节作用。

(4) 了解核实实际供应和消耗情况，积累定额资料，总结经验教训，不断提高材料计划管理水平。

2. 材料计划的分类

(1) 按照材料的使用方向分为：生产用材料计划和基本建设材料计划。

（2）按照材料计划的用途分为：材料需用计划、申请计划、供应计划、加工订货计划和采购计划，材料运输计划和材料储备计划。

（3）按计划期分类分为：年度材料计划、季度材料、计划月（旬）料计划。

（4）按供货渠道分类分为：物资企业供料计划、建设单位供料计划、建筑企业自供料计划。

3. 材料计划的编制步骤

材料计划的编制和执行，会受许多因素的制约，处理妥当与否，会影响计划的编制和执行。主要影响因素有企业内部和外部因素。企业内部因素主要是企业内各部门之间的衔接薄弱造成的。企业外部因素主要表现在材料市场的变化因素和与施工生产相关的因素，如材料政策因素、建材生产厂家因素、气候条件变化、材料市场需求变化、施工进度变化等。编制材料计划应实事求是、积极稳妥，使计划切实可行。计划执行中应严肃认真，为达到计划的预期目标打好基础。

编制材料计划应遵循综合平衡的原则，实事求是的原则，留有余地的原则，严肃性和灵活性统一的原则。材料计划编制前要有正确的指导思想、注意收集相关资料、施工生产任务量、材料消耗定额、库存材料情况、报告期材料计划执行情况、施工现场的实际情况等，了解市场信息，做到有的放矢。在编制材料计划时，应遵循以下步骤：

（1）各建设项目及生产部门按照材料使用方向，分单位工程，作工程用料分析。根据计划期内应完成的生产任务量及下一步生产中需提前加工准备的材料数量，编制材料需用计划。

（2）根据项目或生产部门现有材料库存情况，结合材料需用计划，并适当考虑计划期末周转储备量，按照采购供应分工，编制项目材料申请计划，分报各供应部门。

（3）负责某项材料供应的部门，汇总各项目及生产部门提报的申请计划，结合供应部门现有资源，全面考虑企业周转储备，进行综合平衡，确定对各项目及生产部门的供应品种、规格、数量及时间，并具体落实供应措施，编制供应计划。

（4）按照供应计划所确定的措施，如采购、加工订货等，分别编制措施落实计划，即采购计划和加工订货计划，确保供应计划的实现。

4. 材料计划的编制程序

（1）计算需用量。

1）计划期内工程材料需用量计算。

①直接计算法。直接套用相应项目材料消耗定额计算材料需用量的方法，计算公式为：

某种材料计划需用量＝建筑安装实物工程量×某种材料消耗定额

其中：建筑安装实物工程量通过图纸计算得到；材料消耗定额采用施工定额或概算定额。采用施工定额编制的预算叫做施工预算，是企业内部编制施工作业计划、向工程项目实行限额领料的依据；采用概算定额编制的预算叫做施工图预算或设计预算，是企业或工程项目进行建设项目投资者结算，向上级主管部门申报材料指标、考核工程成本，也是确定工程造价的依据。

以上两种预算编制的工程费用和材料实物量进行对比，叫做两算对比，是材料管理的基本手段。一般施工预算低于施工图预算。

②间接计算法。在工程设计图纸未出、技术资料不全等情况下，根据投资、工程造价、

建筑面积匡算主要材料需用量,这种间接使用经验估算指标预计材料需用量的方法叫间接计算法。

间接计算法的具体计算方法如下:

a. 已知工程类型、结构特征及建筑面积的项目,选用同类型按建筑面积平方米消耗定额计算,其计算公式为:

某材料计划需用量=某类型工程建筑面积×某类型工程每平方米某材料消耗定额×调整系数

b. 工程任务不具体,如企业的施工任务只有计划总投资或工程造价计算公式,则采用万元定额计算。其计算公式如下(由于材料价格浮动较大,因此,计算时必须查清单价及其浮动幅度,拆成系数调整,否则误差较大):

某材料计划需用量=各类工程任务计划总投资×每万元工作量某材料定额×调整系数

2)周转材料需用量计算。周转材料的特点在于周转,首先根据计划期内的材料分析确定周转材料总需用量,然后结合工程特点,确定计划期内周转次数,再算出周转材料的实际需用量。

例:今年二季度某建筑工程公司,按材料分析,钢模总用量为 $5000m^2$,计划周转次数为 2.5 次/季,则钢模实际需用量为:$5000/2.5=2000m^2$。

3)施工设备和机械制造的材料需用量计算。建筑企业自制施工设备,一般没有健全的定额消耗管理制度,而且产品也是非定型的居多,可按各项具体产品,采用直接计算法,计算材料需用量。

这部分材料用量较小,有关统计和材料定额资料也不齐全,其需用量可采用间接计算法计算。

需用量=(报告期实际消费量/报告期实际完成工程量)×本期计划工程量×增减系数

(2)确定实际需用量编制材料需用计划。根据工程项目计算的需用量,进一步核算实际需用量。

1)对于一些通用性材料,在工程进行初期阶段,考虑到可能出现的施工进度超额因素,一般都略加大储备,其实际需用量就略大于计划需用量。

2)在工程竣工阶段,因考虑到工完料清场地净,防止工程竣工材料积压,一般是利用库存控制进料,这样实际需用量略小于计划需用量。

3)对于一些特殊材料,为保证工程质量,往往要求一批进料,所以计划需用量虽只是一部分,但在申请采购中往往是一次购进,这样实际需用量就要大大增加。

实际需用量的计算公式如下:

实际需用量=计划需用量±调整因素

(3)编制材料申请计划。需要上级供应的材料,应编制申请计划,申请量的计算公式如下:

材料申请量=实际需用量+计划储备量-期初库存量

(4)编制供应计划。供应计划是材料计划的实施计划。材料供应部门根据用料单位提报的申请计划及各种资源渠道的供货情况、储备情况,进行总需用量与总供应量的平衡,并在此基础上编制对各用料单位或项目的供应计划,并明确供应措施,如利用库存、市场采购、加工订货等。

（5）编制供应措施计划。在供应计划中所明确的供应措施，必须有相应的实施计划。如市场采购，须相应编制采购计划；加工订货，须有加工订货合同及进货安排计划，以确保供应工作的完成。

5. 材料计划的编制方法

在编制材料计划前必须反复认真地对工程设计图纸、技术资料、施工合同进行学习，熟悉和分析主要材料的使用功能、质量要求，根据工程量计算单测定所需的成品、半成品、构配件的材料名称、品种、规格型号、质量标准、计量单位、材料损耗、明确实际需求数量。

具体施工过程中可以按照不同的施工工序，将整个施工过程划分为几个阶段，材料使用的部位应按分部、分项工程名称，分段施工的轴线或楼层等写清楚分次、分批进场材料需求数量。并根据施工进度要求明确所用主要材料的供货进场时间。

（1）应依据工程设计图纸、施工合同的要求写明主要施工材料执行的技术质量标准或采用的规范及标准的名称。

（2）对新材料的运用要提前提出详细的技术参数和材料特性及特殊的质量技术标准要求。

（3）在填制过程中应注意一些细节：

1）书写时一定要字迹工整、清晰，采用黑色的钢笔或中性笔和圆珠笔，不得采用铅笔。

2）如发生设计变更时应及时提出设计变更材料补充计划，以保证施工需求。

3）对门窗之类的成品或半产品应注明开启方向（注明视点）或安装方向（如镀膜玻璃）等。

4）对一些特殊材料（如：防水材料、粘结材料、防冻剂等）应注明使用作业环境要求。

5）钢材之类的材料使用计划应在加工单明确之后做出，以保证数量的准确性。

6）周转性材料是指在施工中不是一次性消耗的材料，它是随着多次使用而逐渐消耗的材料，并在使用过程中不断补充、多次重复使用，因此，应按照施工部位和施工进度要求分批进场。（一次使用量是指根据施工图纸进行计算的供申请备料和编制施工作业计划使用量。）

6. 材料计划的实施

（1）组织材料计划的实施。

（2）协调材料计划实施中出现的问题。

（3）建立计划分析和检查制度。

（4）计划的变更和修订。

（5）考评材料计划的执行效果。

4.1.2 项目材料需用计划和申请计划的编制

1. 材料需用计划和申请计划的编制程序

（1）材料部门应与生产、技术部门积极配合，掌握施工工艺，了解施工技术组织方案，仔细阅读施工图纸。

（2）根据生产作业计划下达工作量。

（3）查材料消耗定额，计算完成生产任务所需材料品种、规格、数量、质量，完成材料分析。

（4）汇总各操作项目材料分析中材料需用量，编制材料需用计划。

（5）结合项目库存量、计划周转储备量，提出项目用料申请计划，报材料供应部门。

2. 材料需用计划和申请计划的编制内容

（1）材料总需用量计划的编制。

1）编制依据：项目投标书中的《材料汇总表》、项目施工组织计划、当期物资市场采购价格。

2）编制步骤。

①了解工程投标书中该项目《材料汇总表》。

②了解工程工期安排和机械使用计划。

③策划：确定采购或租赁的范围，确定供应方式（招标或非招标，采购或租赁），了解当期市场价格。

④编制表4-1。

表4-1　　　　　　　　　　　　单位工程物资总量供应计划表

项目名称：　　　　　　　　　　　　　　　　　　　　　　　　　　　　　单位：元

序号	材料名称	规格	单位	数量	单价	金额	供应单位	供应方式

制表人：　　　　　　审核人：　　　　　　审批人：　　　　　　制表时间：

（2）材料各计划期需用量的编制。

1）年度计划。编制依据：企业年度方针目标、项目施工组织设计、年度施工计划、企业现行物资消耗定额。

编制步骤：①了解企业年度方针目标和本项目全年计划目标；②了解工程年度的施工计划；③了解市场行情，套用企业现行定额，编制年度计划；④编制表4-2。

表4-2　　　　　　　　　　单位工程（　　）年度物资供应计划量

项目名称：　　　　　　　　　　　　　　　　　　　　　　　　　　　　　单位：元

序号	材料名称	规格（型号）	单位	数量	单价	金额	备注

制表人：　　　　　　审核人：　　　　　　审批人：　　　　　　制表时间：

2）季度计划。季度计划是年度计划的滚动计划和分解计划。

3）月度计划。月度计划是由项目技术部门依据施工方案和项目月度计划编制的下月备料计划，是年、季度计划的滚动计划，需要技术人员充分了解所需物资的加工（生产）周期和进场复验所需时间，提前提交物资部门编制申请计划、采购计划，作为订货、备料的依据。

①材料需用量的确定：需用量＝图纸用量×(1＋合理损耗率)。

②月度需用计划有项目技术部门编制，经项目总工程师审核后报项目物资管理部门。

③编制表 4-3。

表 4-3 　　　　　　　　　　　　材 料 备 料 计 划

项目名称：　　　　　　计划编号：　　　　　　编制依据：　　　　　　年　　月　　第　页　共　页

序号	材料名称	型号	规格	单位	数量	质量标准	备注

制表人：　　　　　　审核人：　　　　　　审批人：　　　　　　制表时间：

（3）项目月度物资申请计划的编制。

编制原则：

①做好"四查"工作：查计划、查图纸、查需用、查库存。

②实事求是的原则。

③留有余地的原则：材料申请量＝本月实际需用量＋期末合理储备量－本月初库存量。

④编制表 4-4。

表 4-4 　　　　　　　　　　　　项 目 材 料 申 请 计 划

项目名称：　　　　　　计划编号：　　　　　　编制依据：　　　　　　年　　月　　第　页　共　页

序号	类别	材料名称	型号	规格	单位	数量	质量标准	进场时间	使用部位	备注

制表人：　　　　审核人：　　　　审批人：　　　　制表日期：　　　　送达日期：

4.1.3　材料采购概述

在我国，政府对大部分建材的采购和使用都有文件规定，如《建设工程质量管理条例》，对钢材、水泥、商品混凝土、砂石、砌墙材料、石材、胶合板、管道、预制混凝土构件、门窗、防水材料、内外墙涂料、商品砂浆、混凝土外加剂实行备案证明等管理。根据文件精神，工程项目部要对每天进场的主要物资按规范填写《建设工程材料采购验收检验使用综合台账》由监理单位签字认可，并按国家及地方政府要求对需交易材料办理材料备案证明，其交易数量必须覆盖实际使用量。公司项经部则每月对项目部的进场材料质量进行检查，并参照《建筑材料质量检查（自查）情况表》的内容，实事求是地填写情况表，交公司物资部备案，公司物资部再根据自查表情况对项目部进行抽查。

1. 建筑材料采购的范围

建筑材料采购的范围包括建设工程所需的大量建材、工具用具、机械设备和电气设备等，这些材料设备约占工程合同总价的60%以上，大致可以划分为以下几大点：

（1）工程用料。包括土建、水电设施及其他一切专业工程的用料。

（2）暂设工程用料。包括工地的活动房屋或固定房屋的材料、临时水电和道路工程及临时生产设施的用料。

（3）周转材料和消耗性用料。

（4）机电设备。包括工程本身的设备和施工机械设备。

（5）其他。如办公家具、仪器等。

2. 材料采购决策

（1）确定采购材料的品种、规格、质量。

（2）确定计划期的采购总量。

（3）选择供应渠道及供应单位。

（4）选择采购的形式和方法。例如，期货或现货、同品种材料是向一家采购或多家采购、是定期定量还是随机采购等。

（5）决定采购批量。

（6）决定采购时间和进货时间。

以上各项，主要由材料计划部门，以施工生产的需要为基础，根据市场反馈信息，进行比较分析，综合决策，会同采购人员制定采购计划，及时展开采购工作。

3. 材料采购管理模式

材料采购业务的分工，应根据企业机构设置、业务分工及经济核算体制确定，目前一般都按核算单位分别进行采购。在一些实行项目承包或项目经理负责制的企业，都存在着不分材料品种、不分市场情况而盲目采购权的问题。企业内部公司、工区（处）、施工队、施工项目以及零散维修用料、工具用料均自行采购。这种做法既有调动各部门积极性等有利的一面，也存在着影响企业发展的不利一面，其主要利弊有：

（1）分散采购的利。

1）分散采购可以调动各部门积极性，有利于各部门各项经济指标的完成。

2）可以及时满足施工需要，采购工作效率较高。

3）就某一采购部门内来说，流动资金量小，有利于各部门内资金管理。

4）采购价格一般低于多级多层次的价格。

（2）分散采购的弊。

1）分散采购难以采购批量，不易形成企业经营规模，从而影响企业整体经济效益。

2）局部资金占用少，但资金分散，其总体占用额度往往高于集中采购资金占用，资金总体效益和利用率下降。

3）机构人员重叠，采购队伍素质相对较弱，不利于建筑企业材料采购供应业务水平的提高。

（3）材料采购模式的选择。一定时期内，是分散采购还是集中采购，是由国家物资管理体制和社会经济形势及企业内部管理机械决定的，既没有统一固定的模式，也非一成不变。不同的企业类型，不同的生产经营规模，甚至承揽的工程不同，其采购管理模式均应根据具体情况而确定。

我国建筑企业主要有三种类型：

1）现场型施工企业。这类企业一般是规模相对较小或相对于企业经营规模而言承揽的工程任务相对较大。企业材料采购部门与建设项目联系密切，这种情况不宜分散采购而难应集中采购。一方面减少项目采购工作量，形成采购批量；另一方面有利于企业对施工项目的管理的控制，提高企业管理水平。

2）城市型施工企业。是指在某一城市或地区内经营规模较大，施工力量较强，承揽任务较多的企业。我国最初建立的国营建筑企业多属于城市型企业。这类企业机构健全，企业管理水平较高，且施工项目多在一个城市或地区内分布，企业整体经营目标一致，比较适宜采用统一领导分级采购，形成较强的采购能力和开发能力，适宜与大型材料生产企业协作，对稳定资源、稳定价格、保证工程用料，有较强的保证作用。特别是当市场供小于求时尤其显著。一般材料由基层材料部门或施工项目部视情况自行安排，分散采购。这样做既调动了各部门积极性，又保证了整体经济利益；既能发挥各自优势，又能抵御市场带来的冲击。

3）区域型施工企业。这类企业一般经营规模庞大，能够承揽跨省、跨地区甚至跨国项目，如中国建筑工程总公司。也有从事某区域内专业项目建设施工任务的企业，如中国铁路建设总公司、中国水利建设总公司等。这类企业技术力量雄厚，但施工项目和人员分散，因此其采购模式要视其所在地区承揽的项目类型和采购任务而定。往往是集中采购与分散采购配合进行，分散采购和联合采购并存，采购方式灵活多样。

由此可见，采购管理模式的确定绝非唯一的、不变的，应根据具体情况分析，以保证企业整体利益为目标而确定。

4.1.4　材料采购管理

1. 材料采购信息管理

（1）材料采购信息的种类。

1）资源信息。

2）供应信息。

3）价格信息。

4）市场信息。

5）新技术、新产品信息。

6）政策信息。

（2）信息的来源。材料采购信息，首先应具有及时性，第二具有可靠性，有可靠的原始数据，第三是具有一定的深度，反映或代表一定的倾向性，提出符合实际需要的建议。

1）各报刊、网络等媒体和专业性商业情报刊载的资料。

2）有关学术、技术交流会提供的资料。

3）各种供货会、展销会、交流会提供的资料。

4）广告资料。

5）政府部门发布的计划、通报及情况报告。

6）采购人员提供的资料及自行调查取得的信息资料等。

（3）信息的整理。

1）运用统计报表的形式进行整理。

2）对某些较重要的，经常变化的信息建立台账，做好动态记录，以反映该信息的发展状况。

3）以调查报告的形式就某一类信息进行全面的调查、分析、预测，为企业经营决策提供依据。

2. 编制材料采购计划

（1）施工图设计确认后，项目施工方按合同所列工程内容和施工图预算，填写《材料设备设计标准确认表》，并及时提供给采购部。

（2）工程开工时，项目施工方及时根据施工组织设计，提出工程用料总计划或分批计划，编制《材料设备进场计划表》，送项目采购部和工程部审核。

（3）项目采购部和工程部根据项目施工方材料设备进场计划表，编制材料设备管理控制计划表。

（4）编制项目材料采购计划（表4-5）。

1）由公司总部负责采购的，计划责任师根据各项目所报月度申请计划，汇总后编制采购计划，经物资部经理审核并报公司主管领导审批后进购。

2）由项目自行采购的，项目计划编制人员编制采购计划，项目商务经理审核，项目经理审批后在公司物资部推荐的供方中选择1~2家进购。

$$材料采购量＝申请量＋合理运输损耗量$$

表4-5   项 目 材 料 采 购 计 划

年　　月

项目名称：　　　　　　计划编号：　　　　　　编制依据：　　　　　第　页　共　页

序号	类别	材料名称	型号	规格	单位	数量	单价	金额	质量标准	进场时间	供方	备注

制表人：　　　　　审核人：　　　　　审批人：　　　　　制表日期：　　　　　送达日期：

采购计划由编制人员留存一份，相关部门和人员作为工作依据，现场验收人员一份，采购员一份，财务一份。

3. 进行市场调查和商务洽谈

（1）市场调查。根据《材料总需用量计划表》用量或业主指定的材料，由公司物资设备部（或授权分公司/项目材料主管）进行市场调查，填写《材料供方市场调查表》详细说明各材料供方的价格、质量、付款方式，供货时间等情况，调查对象不少于三家，一定要货比多家，选择价低质优的材料，并将有关价格、货源等信息资料以书面形式反馈到公司或分公司，合同评审时可作为参考。

（2）材料供方的资格审查。为加强对工程材料的质量进行控制，物资设备部、商务合约部组织对材料供方进行经营资质审查和履约能力评估，对其经营范围、企业信誉、质量认证证书、企业营业执照、企业法人代表资格证书、工业产品生产许可证证书、税务登记证以及两年内主要业绩进行审查。

1）采购部负责对材料设备供应单位前期考察和评估工作。

2）采购部通过信息收集、市场调查、性能对比、商务洽谈等，草拟单项材料设备分析报告推荐供应（分包）单位。

3）大宗材料设备采购的商务洽谈项目部应组织施工方、采购部、工程部进行综合考察，并编写供应商考察报告。

4. 材料采购供应商的确定

（1）工程材料设备招标由采购部负责提请立项，成立招标小组，严格按照经审批的《材料设备管理控制计划表》确定的材料范围和控制方式实施。

（2）凡单项材料设备采购金额 5 万元以上必须采用招标方式确定；5 万元以下允许采用询价方式，货比三家，由采购部和工程部负责经办，并由项目部以文字材料报公司考察核准。

（3）重大材料设备合约招标由工程部负责提供技术相关指标，并提前将材料设备供应计划到场时间、技术要求（部分材料设备需要图纸）等向采购部提交。采购部负责拟定招标文件初稿。招标文件是甲方对供货或作业内容的具体要求，应明确质量要求、技术标准、完工时间、供货地点、作业内容、验收办法、土建配合费、税金计取办法等相关内容。

（4）招标小组的人员由项目负责人、工程技术人员和采购人员组成。招标小组负责组织相关人员对材料设备供应商考察报告进行审核，确定材料供应商投标资格及确定发标范围，未经考察评估的供应商不得作为发标对象，推荐人员应回避招投标过程。

（5）采购部组织开标工作，决标后将对比价格及综合分析形成文字报告，按合同程序申报，经报公司批准同意后签发中标通知书。同时组织合同文本并按程序报批，报批时应附带合同文本、供应商登记表及其他相关资料。

5. 材料实施采购

（1）采购员实施材料采购时，必须凭《材料采购计划》和采购合同，严禁无计划采购。

（2）采购的材料必须与材料采购计划表中所规定的规格、型号、数量、质量、要求相符；大宗材料实行材质同等低价优先的原则，并实行合同采购，优先在公司公布的《合格材料供方名册》范围内进行采购。

（3）采购的材料必须要有材料合格证、质量合格证、检验报告、生产许可证、进口商品的商检证，有时效性的，还必须注意生产日期、保质期等，避免不合格材料影响工程质量。采购员必须要严把质量关，不合格材料一律不准采购，对于试验不符合要求的材料，应按不合格程序处理。

（4）劳务合同中明确由劳务队自购的辅材分公司/项目部不得采购，特殊情况需征得公司物资设备部或分公司的同意方可代购，且项目部及时向劳务开具调拨单，在劳务结算中扣除。

（5）凡采购的材料全部要经仓库保管员或现场材料员验收，采购员应做好采购材料点收单，同采购材料一起交仓库保管员及时验收，经检验合格后方可办理验收手续。

（6）采购人员必须坚持"五不购"、"三比一算"和"四查一落实"的原则。包括项目公司的零星采购。

其中"五不购"是指：

1）没有提供书面采购计划且未经批准的不购。

2）材料、设备规格不符，质量不合格，价格不合理的不购。

3）无材质证明和产品合格证的不购。

4）凡考评不合格的产品不购。

5）现场、仓库能够代用的材料不购。

"三比一算"是指：比质量、比价格、比售后服务、算成本。

"四查一落实"是指：查计划、查图纸、查需要、查库存、落实采购资金。

6.材料设备付款审批

（1）大宗材料设备付款审批程序。

1）材料设备供应（分包）单位申请付款。

2）采购部核对材料设备供应相关票据并准备材料设备清单。

3）项目部相关专业工程师及项目部经理复核并准备付款批核书。

4）公司复核及加签进度（结算）款批核书。

5）财务部安排付款。

（2）零星材料采购付款审批。由施工方或项目工程部填写零星材料采购计划表，经项目部批准交采购部直接采购，经验收和领用人员证明和项目经理签字后报账。

（3）库管员与财务会计应做好各类材料设备付款台账，建立完整的账务体系，每月核对台账一次，材料与财务主管据此检查。付款台账包含：合同类别、合同单位、产品名称、合同总价、付款日期、付款金额、工程量、增减工程量、增减账目、各阶段付款金额、结算金额、签发日期等。

4.2 材料供应与运输管理

4.2.1 材料供应管理概述

材料供应管理是指及时、配套、按质按量地为建筑企业施工生产提供材料的经济活动。材料供应管理是保证施工生产顺利进行的重要环节，是实现生产计划和项目投资效益的重要保证。

1.材料供应管理的特点

（1）建筑用料品种、规格多。

（2）用量多，重量大，需要大量的运力。

（3）材料供应必须满足需求多样性的要求。

（4）受气候和季节的影响大。

（5）材料供应受社会经济状况影响较大。

（6）施工中各种因素多变。

（7）对材料供应工作要求高，供应材料的质量要求高。

2. 材料供应管理应遵循的原则

（1）必须从"有利生产，方便施工"的原则出发，建立和健全材料供应制度和方法。

（2）必须遵循"统筹兼顾、综合平衡、保证重点、兼顾一般"的原则。

（3）加强横向经济联系，合理组织资源，提高物资配套供应能力。

（4）要坚持勤俭节约的原则。

3. 材料供应管理的基本任务

建筑企业材料供应工作的基本任务是：围绕施工生产这个中心环节，按质、按量、近品种、按时间、成套齐备，经济合理地满足企业所需要的各种材料，通过有效的组织形式和科学的管理方法，充分发挥材料的最大效用，以较少的材料占用和劳动消耗，完成更多的供应任务，获得最佳的经济效果。

（1）编制材料供应计划。

（2）组织资源。

（3）组织材料运输。

（4）材料储备。

（5）平衡调度。

（6）选择供料方式。

（7）提高成品、半成品供应程度。

（8）材料供应的分析和考核。

4. 材料供应管理的内容

（1）编制好材料供应计划。

（2）材料供应计划的实施。

（3）材料供应情况的分析和考核。

1）材料供应计划完成情况的分析。

2）对供应材料的消耗情况进行分析。

（4）材料供应情况的分析和考核。

1）材料供应计划完成情况的分析。

2）对供应材料的消耗情况进行分析。

4.2.2　材料供应方式

1. 直达供应和中转供应

（1）材料供应方式的种类。

1）直达供应。直达供应是指材料由生产企业直接供应到需用单位。

2）中转供应。中转供应是指材料由生产企业供给需用单位时，双方不直接发生经济往来，而由第三方衔接。

（2）材料供应方式的选择。选择合理的供应方式，目的在于实现材料流通的合理化。选择供应方式时，主要应考虑下列因素：

1）需用单位的生产规模。

2）需用单位的生产特点。

3）材料的特性。

4）运输条件。

5）供销机构的情况。

6）生产企业的订货限额和发货限额。

2. 按供应材料的合同主体分类

按照供应单位在建筑施工中的地位不同，材料供应方式有发包方供应方式、承包方供应方式和承发包双方联合供应方式三种。

3. 材料供应的数量控制方式

按照材料供应中数量控制的方式不同，材料供应方式有限额供应和敞开供应两种方式。

4. 材料的领用方式

（1）领料供应方式。由施工生产用料部门根据供应部门开出的提料单或领料单，在规定的期限内到指定的仓库（堆栈）提（领）取材料。提取材料的运输由用料单位自行办理。

（2）送料供应方式。送料供应，由材料供应部门根据用料单位的申请计划，负责组织运输，将材料直接送到用料单位指定地点。

实行送料制是材料供应工作努力为生产建设服务的具体体现，从有利生产、方便群众出发，改变"你领我发，坐等上门"的传统做法，送料到生产第一线，服务到基层，是建立新型供需关系的重要内容，具有以下优点。

1）有利于施工生产部门节省领料时间。

2）有利于密切供需关系。

3）有利于加强材料消耗定额的管理。

5. 材料供应的责任制和承包制

（1）面向建设项目开展材料供应优质服务和建立健全材料供应责任制。为保证既定供应方式的实施，应建立健全供应责任制。材料供应部门对施工生产用料单位实行"三包"和"三保"。"三包"：一是包供，二是包退，三是包收。"三保"，即对所供应材料要保质、保量、保进度。凡实行送料制的还应实行"三定"，即定送料分工、定送料地点、定接料人员。

（2）实行材料供应承包制。所谓供应承包，就是建筑企业在工程项目投标中，由各种材料的供应单位，根据招标项目的资源情况（计划分配还是市场调节）和市场行情报价，作为编制投标报价的依据，建筑企业中标后，由报价的材料供应单位包价供应，承担价格变动的风险。

4.2.3 材料定额供应方式

材料供应中的定额供应，建设项目施工中的包干使用，是目前采用较多的管理方法，这种方法有利于建设项目加强材料核算，促进材料使用部门合理用料，降低材料成本，提高材料使用效果的经济效益。

1. 限额领料的形式

（1）按分项工程实行限额领料。以班组为对象，管理范围小，容易控制，便于管理，特别是对班级专用材料见效快。但是，这种方式容易使各工种班组从自身利益出发，较少考虑工种之间的衔接和配合，易出现某分项工程节约较多，另外分项工程节约较少甚至超耗的现象。

（2）按工程部位实行限额领料。它的优点是以施工队为对象增强了整体观念，有利于工种的配合和工序衔接,有利于调动各方面积极性。但这种做法往往重视容易节约的结构部位,而对容易发生超耗的装修部位难以实施限额或影响限额效果。

(3) 按单位工程实行限额领料。这种做法的优点是,可以提高项目独立核算能力,有利于产品最终效果的实现。同时各项费用捆在一起,从整体利益出发,有利于工程统筹安排,对缩短工期有明显效果。但这种做法在工程面大、工期长、变化多、技术较复杂的工程上使用,容易放松现场管理,造成混乱,因此必须加强组织领导,提高施工队的管理水平。

2. 限额领料数量的确定

(1) 限额领料数量的确定依据。

1) 正确的工程量是计算材料限额的基础。

2) 定额的正确选用是计算材料限额的标准。

3) 凡实行技术节约措施的项目,一律采用技术节约措施新规定的单方用料量。

(2) 实行限额领料应具备的技术条件。

1) 设计概算。

2) 设计预算。

3) 施工组织设计。

4) 施工预算。

5) 施工任务书。

6) 技术节约措施。

7) 混凝土及砂浆的试配资料。

8) 有关的技术翻样资料。

9) 新的补充定额。

(3) 限额领料数量的计算。

限额领料数量=计划实物工程量×材料消耗施工定额-技术组织措施节约额

3. 限额领料的程序

(1) 限额领料单的签发。

(2) 限额领料单的下达。

(3) 限额领料单的应用。

(4) 限额领料单的检查。

(5) 限额领料单的验收。

(6) 限额领料单的结算。

(7) 限额领料单的分析。

根据班组任务书结算的盈亏数量,进行节超分析,要根据定额的执行情况,查找材料节超原因,揭示存在问题,堵塞漏洞,以利进一步降低材料消耗。

4.2.4 材料配套供应方式

材料配套供应,是指在一定时间内,对某项工程所需的各种材料,包括主要材料、辅助材料、周转材料和工具用具等,根据施工组织设计要求,通过综合平衡,按材料品种、规格、质量、数量配备成套,供应到施工现场。

1. 材料配套供应应遵循的原则

（1）保证重点的原则。

（2）统筹兼顾的原则。

（3）勤俭节约的原则。

（4）就地、就近供应的原则。

2. 材料配套供应注意事项

材料配套供应方式特点是建筑材料配套性强，任何一个品种或一个规格出现缺口，都会影响工程进行。因此要特别注意：

（1）由于没有按签订的协议和合同供应材料，影响施工、拖延工期、造成损失，由物资承包公司承担经济责任。

（2）因工程承包公司方面原因，没有按时提报所需物资明细表或提报不准确，以及订货后需要增减变更供货而造成经济损失的，由工程承包公司承担责任。

（3）材料供应及时，工程按期或提前完成或降低费用而节余的工程款项或经济效益，物资承包公司应提留分成。物资承包公司对能按质、按量、按期交货、完成供应任务的分包单位，按其贡献大小和完成金额的比例给予奖励。

4.2.5　材料运输管理

1. 材料运输管理的意义和作用

材料运输是借助运力实现材料在空间上的转移。材料运输管理是对材料运输过程，运用计划、组织、指挥和调节职能进行管理，使材料运输合理化。

2. 材料运输管理的任务

材料运输管理的基本任务是：根据客观经济规律和物资运输四原则，对材料运输过程进行计划、组织、指挥、监督和调节，争取以最少的里程、最低的费用、最短的时间、最安全的措施，完成材料有空间的转移，保证工程需要。

3. 材料运输的方式

根据建筑材料运量、运距和企业自身的运输力量，以及专业化协作的原则，合理确定运输方式。

（1）普通材料运输，是指不需要特殊的车辆和船舶装运，如砂子、石料、砖瓦和煤炭等材料运输，可使用铁路的敞车、水路的普通船队或货驳、汽车的一般载重货车装运。

（2）特种材料运输是指需用特殊结构的车船，或采取特殊的运送措施的运输。特种材料运输，有超限材料运输、危险品材料运输等。

对于远距离的材料运输，一般由生产单位或供应单位代办，根据供需合同，由生产单位或供应单位按饲报送运输计划，由专业运输单位运至指定的车站，通过火车运输到距本单位最近的货站专用线，再由本地区的联合运输部门运送到指定的仓库和工地。对于本地区大宗材料的运输，应根据月度材料供应计划，向专业运输单位编报月度材料运输计划，签订运输合同，按指定的起止装卸地点，由运输单位负责，直接送至仓库和工地，堆放整齐，点交验收。对于零星仓库材料和专用材料的运输，由企业配置相应的运输力量，如装备散装水泥、石灰膏、商品混凝土专用车和构配件专用车等，自行完成。

4. 材料的装卸

材料装卸是材料运输中的重要环节。讲究装卸方法，提高装卸质量，可以减少材料损耗，保证材料及时供应。

（1）不论是火车或汽车运输装卸，企业应根据任务的需要，配制一定数量的起重、装卸技术工人和起重运送设备，如塔吊、履带吊和汽车吊等。火车运输，材料整车皮到站后，要及时进行抵站验收并组织力量卸车，以防止车皮积压。材料卸入站台的临时堆场，倒运到仓库或工地。对于汽车装卸，也要抓好数量、质量和损耗等问题。

（2）为使材料运输中损耗量小，同时易于装卸，充分发挥起重运输设备的能力，还要讲求合理的包装容器，提高包装质量，如平板玻璃采用集装箱运输等。

（3）为解决材料运输装卸中的破损严重、乱堆乱放等问题，企业与专业运输单位要签订经济合同，明确双方的经济责任。

（4）安排好材料调运。建筑企业在安排材料调运时，要切实掌握材料生产单位、供应仓库或车站到各个工地的运距、各种材料的运输单价、材料来源地的供应量及各工地的需要量，应用线形规划的方法，使得材料总运输费用为最小。

4.3 材料储备管理

4.3.1 材料储备概述

1. 材料储备的意义

材料储备是为保证施工生产正常进行而作的材料准备。材料离开材料生产过程进入再生产消耗过程前以在途、在库、待验、再加工等形态停留在流通领域和生产领域，这就形成了材料储备。

（1）材料储备可解决材料生产和材料消耗的矛盾，可缓解材料生产和材料消耗在空间和时间上的分离。

（2）材料储备过程中的再加工，可实现材料供应成品化、配套化，提高利用效果。材料储备过程的再加工，是材料生产过程在流通时的延伸，可缓解因材料品种规格不全带来的使用困难。

2. 材料储备的种类

（1）经常储备。又叫周转储备，是指企业在正常供应条件下两次材料到货的间隔期中，为保证生产的进行而需经常保持的材料存在。它的特征是：在进料后达到最大值，叫最高经常储备，此后，随着陆续投入消费而逐渐减少，在下一批到料前、达到最小值，叫最低经常储备，然后，再补充进料，如此循环，周而复始。如图 4-1 所示。

（2）保险储备。保险储备是在材料不能按期到货或到货不适合使用、消费速率加快等情况下，为保证施工生产需要而建立的保险性材料库存。它是一个常量，即平时不动用，在必要时动用，动用后要立即补充。那些容易补充，对施工生产影响不大的，可以用其他材料代用的材料，不必建立保险储备。如图 4-2 所示。

（3）季节储备。季节储备是指由于材料生产上有季节性中断，如北方冬季的砖瓦生产、南方夏季的洪水期间的河砂、河卵石生产，为保证施工生产供应需要，在材料生产中断期内

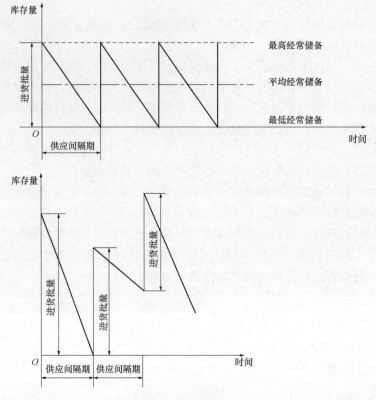

图 4-1 周转储备

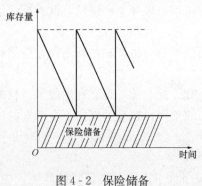

图 4-2 保险储备

所建立的材料储备。如图 4-3 所示。它的特征是将材料生产中断期间的全部需用量，在中断前一次或分批购进、存储，以备不能进料期间的消耗，直到材料恢复生产可以进料时，再转为经常储备。

（4）影响建筑企业材料储备的因素。

1）建筑施工生产的材料消耗特点。

2）建筑材料生产和运输。

3）储备资金的限制。

4）材料供应方式。

5）材料管理水平和市场条件。

4.3.2 材料储备定额

1. 材料储备定额的概念

材料储备定额，是指在一定条件下为保证施工生产正常进行，材料合理储备的数量标准。材料储备定额，是确定能保证施工生产正常进行的合理储备量。材料储备过少，不能满足施工生产需要；储备过多，会造成资金积压，不利周转。建立储备定额的关键，在于寻求能满足施工生产需要，不过多占用资金的合理储备数量。

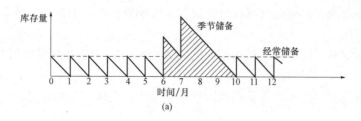

(a)

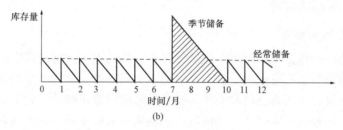

(b)

图 4-3　季节储备

(a) 分批进料的季节储备；(b) 一次性进料的季节储备

2．材料储备定额的作用

(1) 它是编制材料计划的依据。

(2) 它是确定订货批量、订货时间的依据。

(3) 它是监督库存变化，保证合理储备的依据。

(4) 它是核定储备资金的依据。

(5) 它是确定仓库规模的依据。

3．材料储备定额的分类

(1) 按作用分。

1) 经常储备定额（周转储备定额）。指在正常条件下，为保证施工生产需要而建立的储备定额。

2) 保险储备定额。指因意外情况造成误期或消耗加快，为保证施工生产需要而建立的储备定额。

3) 季节储备定额。指由季节影响而造成供货中断，为保证施工生产需要而建立的储备定额。

(2) 按计量单位分。

1) 相对储备定额。以储备天数为计量单位的储备定额。它用储备的材料相对可以使用多少天来表示储备的数量标准。

2) 绝对储备定额。以材料的实物量或价值为计量单位的储备定额。它表示储备材料的绝对实物量或价值量。

(3) 按综合程度分。

1) 品种储备定额。按材料品种核定的储备定额。如钢材、水泥、木材储备定额等。它主要用于品种不多但量大的主要材料的储备。

2) 类别储备定额。按材料目录的类别核定的储备定额。如油漆、五金配件、化工材料储备定额等。主要用于品种多的材料储备。

3）综合储备定额。以各类材料综合价值核定的储备定额。主要用于核定储备资金。

（4）按期限分。

1）季度储备定额。以季度为适用期限的储备定额。它用于耗用呈阶段性、周期性变化的材料。

2）年度储备定额。以年度为适用期限的储备定额。它用于消耗稳定、均衡的材料。

4.3.3 材料储备定额的制定

1. 经常储备定额的制定

经常储备定额，是在正常情况下，为保证两次进货间隔期内材料需用而确定的材料储备数量标准。经常储备数量随着进料、生产、使用而呈周期性变化。经常储备条件下，每批材料进货时，储备量最高；随着材料的消耗，储备量随时间逐步减少；到下次进货前夕，储备量降到零。然后，再补充，即进货——消耗——进货，如此循环。经常储备定额，就是指每次进货后的储备量。经常储备中，每次进货后的储备量叫最高储备量，每次进货前夕的储备量叫最低储备量，二者的算术平均值叫平均储备量，两次进货的时间间隔叫供应间隔期。经常储备的循环过程如图 4-4 所示。

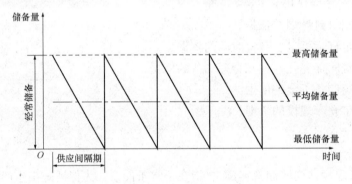

图 4-4　经常储备的循环过程

（1）供应间隔期法。供应间隔期法指用平均供应间隔期和平均日耗量计算材料经常储备定额，公式如下：

$$C_j = T_g H_r$$

式中　C_j——经常储备定额；

　　　T_g——平均供应间隔期；

　　　H_r——平均日耗量。

平均供应间隔期（T_g）可以利用统计资料分析推算，公式如下：

$$T_g = \frac{\sum T_{ij} q_i}{\sum q_i}$$

式中　T_{ij}——相邻两批到货的时间间隔；

　　　q_i——第 i 期到货量。

平均日耗量按计划期材料的需用量和计划期的日历天数计算，公式如下：

$$H_r = \frac{Q}{T}$$

式中　Q——计划期材料需用量；

　　　T——计划期的日历天数。

（2）经济批量法。经济批量法通过经济订购批量确定经常储备定额的方法。用供应间隔期制定经常储备定额，只考虑了满足消耗的需要，而未考虑储备量的变化对材料成本的影响，经济批量法就是从经济的角度去选择最佳的经济储备定额，材料购入价、运费不变时，材料成本受仓储费和订购费的影响。材料仓储费指仓库及设施的折旧、维修费，材料保管费、维修费、装卸堆码费、库存损耗、库存材料占用资金的利息支出等。仓储费用随着储备量的增加而上升，即与订购批量的大小成正比。

$$计划期仓储费 = \frac{1}{2}C_j PL$$

$$计划期订购费 = NK = \frac{Q}{C_j}K$$

$$仓储订购总费用 = \frac{1}{2}C_j PL + \frac{Q}{C_j}K$$

用微分法可求得使总费用最小的订购批量为

$$C_j = \sqrt{\frac{2QK}{PL}}$$

2. 保险储备定额的制定

保险储备定额一般确定为一个常量，无周期性变化，正常情况下不动用，只有发生意外使经常储备不能满足需要才动用。保险储备得数量标准就是保险储备定额。保险储备与经常储备的关系如图 4-5 所示。

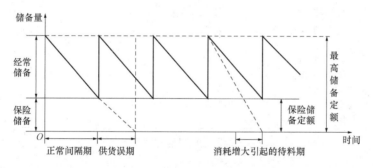

图 4-5　保险储备与经常储备的关系

保险储备定额有以下几种制定方法：

（1）平均误期天数法。公式如下：

$$C_b = T_w H_r$$

式中　C_b——保险储备定额；

　　　T_w——平均误期时间；

　　　H_r——平均日耗量。

平均误期时间根据统计资料计算，公式如下：

$$T_w = \frac{\sum T_{w(ij)}q_i}{\sum q_i}$$

$$T_{w(ij)} = T_{ij} - T_g$$

（2）安全系数法。公式如下：

$$C_b = KC_j$$

式中　K——安全系数；

　　　C_j——经常储备定额。

安全系数 K 根据历史统计资料的保险储备定额和经常储备定额计算，公式如下：

$$K = \frac{\text{统计期保险储备定额}}{\text{统计期经常储备定额}}$$

（3）供货时间法。是指按照中断供应后，再取得材料所需时间作为准备期计算保险储备定额的方法，公式如下：

$$C_b = T_d H_r$$

式中　T_d——临时订货所需时间；

　　　H_r——平均日耗量。

临时订货所需时间包括办理临时订货手续、发运、运输、验收入库等所需的时间。

3. 季节储备定额的制定

有的材料因受季节影响而不能保证连续供应。如砂、石在洪水季节无法生产，不能保证连续供应。为满足供应中断时期施工生产的需要，必须建立相应的储备。季节储备定额是为防止季节性生产中断而建立的材料储备的数量标准。季节储备一般在供应中断之前逐步积累，供应中断前夕达到最高值，供应中断后逐步消耗，直到供应恢复。如图 4-6 所示。

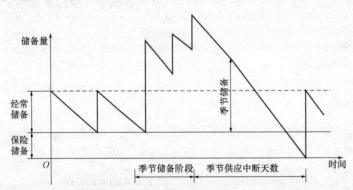

图 4-6　季节储备定额的制定

季节储备定额通常根据季节中断间隔期和平均日耗量计算，公式如下：

$$C_z = T_z H_r$$

式中　C_z——季节储备定额；

　　　T_z——季节中断间隔期；

　　　H_r——平均日耗量。

季节中断间隔期 T_z 必须在深入实地调查了解，并掌握实际资料后确定。

4.3.4 材料储备管理业务

1. 仓库分类

（1）按储备材料种类分为：综合性仓库、专业性仓库。

（2）按保管条件分为：普通仓库、特殊仓库。

（3）按库房形式分为：封闭式仓库、半封闭式仓库、露天仓库。

（4）按管理权限分为：中心仓库、总库、分库。

2. 仓库规划

（1）仓库位置的选择：交通方便、布局合理、地势较好、环境适宜。

（2）仓库面积的确定。

1）仓库有效面积的计算，公式如下：

$$S_1 = \frac{G}{V}$$

式中　S_1——仓库有效面积；

　　　G——仓库最高储备量；

　　　V——材料堆放定额。

2）仓库面积的确定。仓库总面积的计算，公式如下：

$$S_2 = \frac{S_1}{\alpha}$$

式中　S_2——仓库总面积；

　　　S_1——仓库有效面积；

　　　α——仓库面积利用系数，见表 4-6。

表 4-6　　　　　　　　　　仓库面积利用系数

序号	仓 库 类 型	系数值
1	封闭式普通仓库（内设货架，每两排货架之间留 1m 通道，主通道宽为 2.5～3.5m）	0.35～0.4
2	罐式密封仓库	0.6～0.9
3	堆置桶装或袋装的封闭式仓库	0.45～0.6
4	堆置木材的露天仓库	0.4～0.5
5	堆置钢材的棚库	0.5～0.6
6	堆置砂石的露天料场	0.6～0.7

3. 仓库的业务流程

仓库业务流程指仓库业务活动按一定程序，在时间和空间上进行合理安排和组织，使仓库管理有序进行。仓库业务流程如图 4-7 所示。

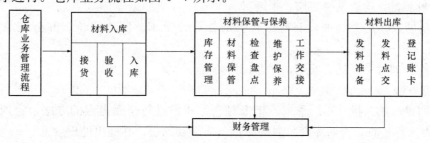

图 4-7　仓库业务流程

（1）材料入库流程。

1）接货。

2）验收准备。

3）校对验收资料。

4）检查实物。

5）处理验收中的问题。

6）办理入库手续。

（2）材料保管与保养。

1）材料保管。①选择材料保管场所。②材料的合理码放。③材料的安全消防。

2）材料保养。①妥善保养材料的措施。②材料的保养方法。

3）仓库保管工作交接。仓库保管人员发生变动，要办理交接手续。

4）材料盘点。材料盘点，就是清查库存材料的数量、质量。通过盘点，可以掌握实际库存情况，如是否积压和短货以及材料的质量现状。

（3）材料出库。

1）材料发放的要求。材料出库应遵循"先进先出"的原则，及时、准确、面向生产、为生产服务，保证生产进行。

2）材料出库程序。包括发放准备→校对凭证→备料→复核→点交→清理。

（4）账务管理。

1）记账依据。仓库账务管理的基本要求是系统、严密、及时、准确。材料保管账由仓库保管员按材料出入库凭证及耗料、盘点等凭证记账。一般包括以下几种：①材料入库凭证。如验收单、入库单、加工单等。②材料出库凭证。如调拨单、借用单、限额领料单、新旧转账单等。③盘点、报废、调整凭证。如盘点盈亏调整单、数量规格调整单、报损报废单等。

2）记账程序。记账的程序是从查核凭证、整理凭证开始，到按规定登记账册、结算金额以及编制报表的全部账务处理过程。正确的记账程序能方便记账，提高记账效率，及时、准确、全面、系统地提供所需要核算资料。

3）仓库盘点管理。

①盘点的内容。

a. 材料的数量。根据账、卡、物逐项查对，核实库存数，做到数量清楚、质量清楚、账表清楚。

b. 材料质量。检查是否变质、报废。

c. 材料堆放。是否合理，上盖、下垫是否符合要求。四号定位、五五摆放是否达到要求。

d. 其他。如计量工具、安全、保卫、消防等。

②盘点方法。

a. 定期盘点法。指月末、季末、年末对仓库材料进行全面盘点的方法。定期盘点应结合仓库检查工作进行，查清库存材料的数量、质量和问题，并提出处理意见。

b. 永续盘点法。指每日对有变动的材料及时盘点的方法。即当日复查一次，做到账、卡、物相符。

c. 实地盘点法。指盘点人员逐一对库存材料进行清点、过磅计重，查明库存材料的实有数量。

③盘点中问题的处理。

a. 盘点中发现数量出现盈亏，且其盈亏量在国家和企业规定的范围之内时，可在盘点报告中反映，不必编制盈亏报告，经业务主管审批后据此调整账务；当盈亏量超过规定范围，除在盘点报告中反映外，还应填"盘点盈亏报告单"，经领导审批后再行处理。

b. 当库存材料发生损坏、变质、降等问题时，填"材料报损报废单"并通过有关部门鉴定降等、变质及损坏损失金额，经领导审批后，根据批示意见处理。

c. 当库房已被判明被盗，其丢失及损坏材料数量及相应金额，应专项报告，报告保卫部门认真查明，经批示后才能处理。

d. 当出现品种规格混串和单价错误，可查实后，经业务主管审批后进行调整。

e. 库存材料在 1 年以上没有动态，应列为积压材料，应编制积压材料清册，报请处理。

f. 代保管材料和外单位寄存材料，应与自有材料分开，分别建账，单独管理。

4. 储备量管理

（1）实际库存变化情况。

1）在材料消耗速度不均衡情况下，当材料消耗速度增大时，在材料进货点未到来时，经常储备已经耗尽，当进货日到来时已动用了保险储备，如果仍然按照原进货批量进货，将出现储备不足。如图 4-8 所示。

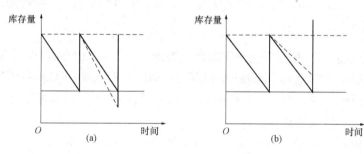

图 4-8　材料消耗速度不均衡情况分析图
（a）材料消耗速度增大；（b）材料消耗速度减小

2）到货日期提前或拖后情况下，到货拖期，使按原进货点确定的经常储备耗尽，并动用了保险储备，如果此时仍然按照原进货批量进货，则会造成储备不足。提前到货，使原经常储备尚未耗完，如果按照原进货批量再进货，会造成超储损失。如图 4-9 所示。

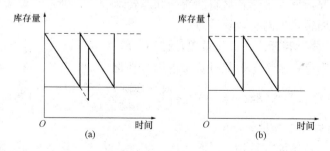

图 4-9　到货日期提前或拖后情况分析图
（a）到货拖期；（b）提前到货

（2）储备量控制方法。

1）定量库存控制法。确定一个库存量水平为订购点，当库存量下降到订购点时，立即提出订购，每次订购的数量均为订购点到最高储备之间的数量。一般情况下，订购点的库存水平应高于保险储备定额。因为从派人订购之日起，到材料入库之日止的这段时间内，包括采购人员在途天数、订购谈判天数、供货单位备料天数、办理运输手续天数、运输天数、验收天数等，材料仍在继续消耗，这段时间叫备运期。这种方法使订购点和订购批量可以相对稳定，但订购周期却随情况而变化。如消耗速度增大时，订购周期变短，消耗速度减小时，订购周期加大。这种方法的关键内容，是确定一个恰当的订购点。如图4-10所示。

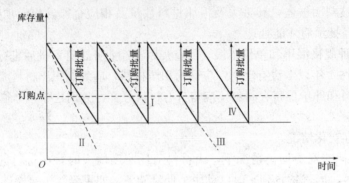

图4-10　订购点及订购批量示意图

Ⅰ—材料消耗速度增大；Ⅱ—材料消耗速度减小；Ⅲ—到货拖期；Ⅳ—提前到货

订购点＝保险储备定额＋订货运输时间材料需用量

2）定期库存控制法。是指采用固定时间检查库存量，并以此库存为订购点，结合下周期材料需用量，确定订购批量。这种方法是订购周期相对稳定，但每一次的订购点却不一样，因此订购批量也不同。当材料消耗速度增大时，订购点低，订购批量大；材料消耗速度减小时，订购点高，订购批量减小。

订购批量的确定方法是：订购批量＝最高储备－订购点实际库存＋订货运输时间需用量。

除上述两种控制方法外，企业也可根据材料储备中的最高储备定额和最低储备定额作为控制材料储备量的上限和下限；也可用储备资金定额作为衡量材料储备量的标准。

5. 储备资金管理

材料储备实际上是物化资金的储备，储备资金的管理，也就是储备材料的管理。储备资金的占用和周转情况，反映了储备材料的流通和运转情况。企业应采取措施，尽可能减小资金占用，加速资金周转，提高企业经济效益。

（1）运用ABC分类管理法，抓住重点，带动一般。

（2）按期分析库存资金情况，促进资金占用合理化。

$$储备资金节约（超占）率（\%）=\left(1-\frac{实际资金占用金额}{储备资金定额}\right)\times100\%$$

6. 储备管理中的内业资料管理

（1）材料储备流转凭证的管理。材料入库、出库、内部调拨、暂借、预支、周转使用等各种凭证，必须分类管理，并按月、季、年装订成册，视企业及有关部门规定，保留1～10

年。各种报表，如库存报表，资金占用报表，应按月编制，并应制成年度动态图表，随时掌握和监督储备变化情况。年度或季度的盘点报告应集中管理，并应进行考查、核对、对其处理意见应有结果，避免差错延续。年度或季度应对储存期超过规定期限的材料登记造册，提供有关部门及时处理。旧品、回收品、待修理品的账目报表，应单独核算，严格管理。

（2）定期进行业务考核，提高储备管理水平。为了检验仓库的经营成果，挖掘潜力，调动一切积极因素，充分利用仓库设备，提高工作效率和劳动生产率，降低材料损耗，加速周转，必须对储备业务情况进行考核，有助于发现工作中问题，及时采取措施解决问题，同时可以用同一指标与其他企业同业务进行比较，从而学到更多、更好的管理方法。

1）材料储备吞吐量。材料吞吐量亦称材料周转量，是计划期内进库、出库材料数量的总和。其公式为：

$$材料储备吞吐量＝总进库量＋总出库量$$

2）材料周转次数。材料周转次数，是计划期内仓库材料的出库量（金额）与同期内材料的平均库存量（金额）之比。其公式为：

$$材料周转次数＝\frac{计划期材料出库量（金额）}{计划期材料平均库存量（金额）}$$

3）仓库利用率。仓库利用率，指仓库面积利用程度。其公式为：

$$仓库利用率＝\frac{仓库有效使用面积}{仓库总面积}×100\%$$

4）劳动生产率。劳动生产率指标，是反映仓库人员的工作效率的指标，主要有每人平均周转价值和每人平均保管价值。其公式为：

$$人均保管价值＝\frac{考核期内平均库存金额（万元）}{考核期内平均保管员人数}$$

$$人均周转价值＝\frac{考核期内材料吞吐金额（万元）}{考核期内平均保管员人数}$$

5）盘点盈亏率。盘点盈亏率指标，反映仓库在保证快进、快出、多储备，保管好前提下，在一定限度内发生的经营性亏损。其公式为：

$$盘点盈亏率＝\frac{考核期内累计盈亏金额}{考核期内材料吞吐金额}×100\%$$

6）货损、货差率。货损、货差率指标，反映仓库在材料收、发、存过程中出现的损失和差错的比率。其公式为：

$$货损货差率＝\frac{考核期内材料损失、差错金额}{考核期内材料吞吐金额}×100\%$$

（3）材料技术档案管理。材料技术档案，包括进出库材料的数量、质量、来源、库存动态、使用方向的记录资料，包括必须随实物向使用单位提供的质量、性能证明资料和使用说明书。材料技术档案资料是工程质量检查和验收的重要依据之一，因此搞好材料技术档案管理，能促进材料管理的科学化。存档资料应包括材料出厂时的各种凭证、技术资料、材料入库验收记录、技术检验证件和出库凭证。

4.4 施工现场材料管理

4.4.1 施工现场材料管理的三个阶段

1. 施工前的材料管理

搞好现场材料管理，首先要做好施工前的准备。事先进行周密的调查、规划，并创造必要的物质条件。如果准备不周而仓促开工，势必造成混乱，使各项工作处于被动。因此，现场材料人员要了解工程情况，同施工技术部门一起合理规划好现场材料平面布置，做好备料计划和堆料地点的安排。

（1）在开工前，多了解掌握施工现场的自然条件及周围环境状况，工程项目的内容、工程开竣工日期、工程进度、工程全部用料情况及不同阶段对材料的需求情况。

（2）现场平面规划要从实际出发，因地制宜，堆料场所应当尽可能靠近使用地点及施工机械停放的位置，避免二次搬运，造成人工和机械的重复投入；不能选在影响正式工程施工作业的位置，避免仓库、料场的搬家；现场运输道路要坚实，循环畅通，装卸方便，符合防潮、防水、防雨和管理要求。

（3）做好备料计划。材料供应部门必须按照材料计划根据施工进度，有计划地组织材料进场。第一，搞好市场调查，掌握建筑材料的市场行情，取得材料采购中的主动权。第二，协调各方，紧密配合，积累资料，做好采购资料的基础工作。合理确定采购的数量，避免积压和浪费，根据施工需要，按计划有条不紊地供应所需材料。合理安排材料储备，减少资金占用，提高资金利用效率。第三，进行择优选购，做到先本地，后外地；先批发，后零售。比质量，比价格，比运距和算成本，防止材料舍近求远，重复倒运，加强经济核算，努力降低采购成本，最终选择运费少、质量好、价格低的供应单位。

2. 施工过程中的材料管理

（1）建立健全现场材料管理的责任制。包干负责，定期组织检查和考核。

（2）加强现场平面布置的管理。根据不同的施工阶段以及材料资源的变化，及时调整堆料位置，保持道路畅通，减少二次搬运，并且材料堆放整齐，要成行、成线、成堆。经常保持堆料场所清洁、整齐。

（3）认真执行材料验收、发放、退料、回收制度。建立健全原始记录和各种台账，按日组织盘点，抓好业务核算。首先，坚持材料进场验收，防止损亏数量，认真做好现场材料的计量验收和台账记录，不同材料和不同的运输方式，采取不同的验收方法进行验收。如遇数量不足、质量差的情况，要及时退回，并进行索赔。其次，严格执行限额领料制度，控制材料消耗。施工技术人员根据工程需要制订详细的材料定额使用量计划，对施工班组下料进行合理使用指导，对超定额用料，经过原因分析后审批方可出库。第三，根据本日材料消耗数，联系本月实际完成的工程量，分析材料消耗水平和节超原因，制订材料节约使用的措施，分别落实给有关人员，并根据尚可使用数，联系项目施工的形象进度，从总量上控制今后的材料消耗，而且要保证有所节约。第四，做好余料的回收和利用，为考核材料的实际消耗水平，提供正确的数据。

（4）根据工程特点和设计要求，运用自身的技术优势，采取实用有效的技术措施和合理化建议，充分使用现场的材料，扩大材料的节约代用，推广新工艺、新技术、新材料的使用。

（5）由于市场变化、政策性调整，施工过程中发生的设计变更、工程量增加、业主违约等事件而影响了材料都应及时向业主提出相应的调整和索赔。

3. 工程收尾的材料管理

搞好工程收尾，可以将主要力量和精力迅速地向新的施工项目转移。如果忽视收尾的管理，不仅影响转移，分散精力，而且会造成人力、物力、财力的浪费。

（1）当工程接近收尾，材料使用已超过 70%，要认真检查现场存料，估计未完工程的用料情况，在平衡的基础上，调整原用料计划，消减多余，补充不足，以防止工程完工后出现剩料的情况，为工程完、场地清创造条件。

（2）将拆除的临建材料尽可能考虑利用，尽量避免二次搬运。

（3）对施工中发生的垃圾、钢筋头、废料等，要尽可能的再利用；确实不能利用的要随时清理，综合利用一切资源。

（4）对于设计变更造成的多余材料，以及不再使用的料具等要随时组织退库，妥善保管。

（5）及时提出竣工工程用料情况分析资料。

4.4.2　材料验收与保管

现场材料管理包括验收与试验、现场平面布置、库存管理以及使用中的管理等。施工所需各类材料，自进入施工现场保管及使用后，直至工程竣工余料清退出现场，均属于材料现场管理的范畴。

验收是使用有关手段对进场材料的质量、数量进行检验和办理验收的过程，是现场材料管理的首要环节，包括验收准备、核对凭证单附件、质量和数量检验、办理验收手续及遗留问题的处理。

1. 材料进场验收准备

（1）材料进场前必须做好各项验收准备，保证验收工作顺利进行，为下步的材料堆放、保管创造良好条件。验收包括场地和设施准备、苫垫物品准备及验收计量器具和有关资料的准备。检查现场施工便道有无障碍及是否平整通畅。

（2）在材料进场前，根据用料计划、现场平面布置图进行存料场地及设施准备，场地应平整，并按需要建棚建库。

（3）对进场露天存放需要苫垫的材料，应做好苫垫材料的准备，确保验收后的材料能妥善保管，避免损坏变质。准备好装卸设备、遮盖设备等。

（4）根据材料计量需要，在材料进场前配齐所需的计量器具，确保验收计量的顺利进行。

（5）材料进场前必须做好有关资料的准备，包括用料计划，加工合同，翻样配套表及有关材料的质量标准，一般材料于当月 5 日前向供应部门提出需用计划，特殊材料、非标加工件，应提前 15d 向供应部门提出需用计划，并提供翻样配套表、加工图、样品、模型等。

（6）夜间进料，要准备好照明设备，在道路两侧及堆料场地，都有足够的亮度，以保证安全生产。

（7）材料验收注意事项。

1）办理材料验收首先要认真核对进料凭证单附件，经核对确认是应收的材料后方能办理质量、数量的验收，凡无进料凭证单附件和确认不属于应收的材料不得办理验收并及时通告供应部门处理。

2）进料凭证单的附件一般包括运输单（小票）、出库单、调拨单，核对凭证单附件应根据材料计划采购合同、加工合同、加工图样品、翻样及配套表等核对进料凭证单附件的名称、规格、数量、其中各种构件、半成品应核对合同编号及加工单位。

3）作好原始记录，逐项详细填写收料日记，其中验收情况登记栏，必须将验收过程中发生的问题填写清楚。

2. 材料进场验收要求

（1）材料员应对照计划单（包括合同）名称、规格、型号、数量进行验收，核对材料是否与计划单相符，无计划或与计划不符，材料员有权拒收。

（2）项目部材料员应根据需用计划及供方的承诺对进场材料进行验证，包括对包装、规格型号、数量、质量标准、职业健康安全和环境管理要求、合格证书等软件资料进行验证、验收，并填制材料进场计量检测原始记录表和材质证明书登记台账。

（3）采购员提供进场材料的出厂合格证明，现场材料员协助质量员或项目技术人员，对A类材料中直接构成工程实体并涉及结构安全和使用功能的进场物资，如钢材、水泥、砂石、砌块、预制墙板、墙地砖、门窗等进行外观检验，共同填写材料外观检验记录。其他材料可由现场材料员直接验收。需要试验的材料应及时通知试验员取样检验。

（4）材料进场后，材料员应根据材料性质分别进行检尺、过磅、收方计量、清点数量，以实际数量验收，不得弄虚作假。做到材料进场随货清单、验收记录、发票和收料凭证相符吻合。

（5）三大材料及地方材料的验收，必须按单车签单验收，记清车牌号、车厢尺寸、实际高度、立方数、件数、块数、单车磅码单，以及进场时间、送料单位、送货人姓名、材料名称、规格、批号等原始数据，并按单车填好送料单及材料进场计量检测原始记录。

（6）装饰装修材料的验收除按本制度执行外，还需按有关装饰装修材料管理办法执行。

（7）顾客提供的材料，项目部材料员应会同顾客代表共同对材料的名称、规格型号、数量、计量单位、质量及环境安全要求等进行验证验收。

（8）项目部试验员负责进场材料的见证取样试验工作，必须严格执行国家相关标准、规范，验证合格的质量证明书、检验合格报告应编号登记和归档保存，作为合格放行的依据。

（9）经验证、检验合格的材料须经质检员签字认可后，材料员才能办理入库手续和放行使用。

（10）材料验收中发现问题的处理。如发现证件不齐全，数量、规格不符，质量不合格、职业健康安全和环境管理不符合要求等，材料员不得将材料入库，应及时通知采购员或供方补换或退货。

（11）经验收合格的材料应及时办理入库手续，填制收料凭证，登账上卡。入库手续必须符合入账报销审批程序规定。

3. 建筑材料、设备进场抽样复试制度

国家新颁布的《建筑工程施工质量验收统一标准》（GB 50300—2013）新增术语"复

验"，要求建筑材料、设备等进入施工现场后，在外观质量检查和质量证明文件核查符合要求的基础上，按照有关规定从施工现场抽取试样送至试验室进行检验的活动。

标准规定"建筑工程采用的主要材料、半成品、成品、建筑构配件、器具和设备应进行进场检验。凡涉及安全、节能、环境保护和主要使用功能的重要材料、产品，应按各专业工程施工规范、验收规范和设计文件等规定进行复验，并应经监理工程师检查认可"。施工单位在具体执行标准时，要做到：

（1）承包单位对拟进场的工程材料、构件和设备按进场时间、批次、种类填报《工程材料、构配件、设备报审表》，并连同数量清单、质量证明材料、质检结果等附件及时报送项目监理部。进场材料必须有出厂合格证、生产许可证、质量保证书和使用说明书。复印件应当加盖提供者（供应商）和提交者（施工单位）的红印章和签名。

（2）进场水泥、钢筋、掺合料、外加剂、钢材、电工用料、防水材料等材料均应在使用前复检，成品半成品均应按国家标准抽样送检。混凝土结构、金属构件、木结构的预制件及半成品必须事先进行鉴定。

（3）见证取样送检是施工单位委派的检验员在监理单位授权的"见证人"的情况下按有关技术标准（规定）对工程中设计结构安全的试块、试件和材料现场取样，并送到省级以上建设行政主管部门对其资质认可和技术监督部门对其计量认证的质量检验单位进行检验。

（4）涉及结构安全的试块、试件和材料见证取样和送检的比例不得低于有关技术标准的规定。下列试块、试件和材料必须实施见证取样和送检：用于承重结构的混凝土及抗冻防渗试块；用于承重结构的砂浆试块；用于承重结构的钢筋及连接试件；用于承重结构砖和混凝土小型砌块；用于混凝土和砌筑砂浆的水泥；用于混凝土使用的外加剂；砂石骨料、电工用料等；规范规定必须实行见证取样送检的其他试块、试件、材料。

（5）施工过程中，项目监理工程师应按照见证取样和送检计划，对施工现场的取样送检进行见证，送检员在其试样或其包装上做出标识，标识应注明工程名称、取样部位、取样日期、样品名称和数量。监理工程师和送检员应对试样的真实性和代表性负责。

（6）抽样后无法封识的监理工程师和送检员共同送检，发生费用由承包人承担。

（7）见证取样的试块、试件、材料送检时应由施工单位填写《抽样委托单》，有监理工程师和抽样人的签字盖章。

（8）检测单位应检查试样上的封志和标识，确认无误后方可进行检测。见证取样的检测报告必须加盖检测单位的见证取样检测专用章。

（9）受监督的工程应见证取样，未经见证的送检试样，其检验（测）报告不能作为有效的工程竣工验收资料。

（10）涉及房屋建筑工程的安全和使用功能的部位必须经监理单位、建设单位、施工单位共同查验。

4. 材料保管

（1）材料标识。

1）材料进场后应分类码放，仓库保管员负责标识，标明材料的名称、规格、型号、数量、厂家等内容，及时登账，并办理各种手续。

2）露天堆放的材料应按照类别、品种、规格分别堆放，仓库保管员负责用标牌标注材料名称、规格、型号、产地等。

3）现场加工好的半成品，加工人员按照不同型号、规格分别堆放码齐。

4）对有毒、有害、易燃、易爆物应分开存放，保持距离，有防漏、消防措施，标识明显。

（2）材料的贮存和防护。

1）材料的贮存分为库内和库外贮存，材料的贮存条件应符合材料的说明书、包装物或材料特性的要求。

2）仓库要保持整洁，验收合格的材料应按品种、规格、型号、等级、批号等分开合理贮存。

3）性能相互影响或灭火方式不同的材料不能存放在一起。

4）受自然条件影响较小或使用较快的材料，如铝材、钢材、石材、砂等可以库外贮存。

5）受自然条件影响较大的材料，如水泥、板材等材料等应在库内贮存，若受现场条件限制需库外存放时，应做好防护措施，保证材料在贮存过程中不受损坏。

6）保证材料安全，做好防火、防盗、防潮、防损工作，对易燃易爆物品要分类妥善保存。

（3）材料的保管。

1）合理堆码。材料堆码要遵循"合理、牢固、定量、整齐、节约和方便"的原则。

①合理：对不同的品种、规格、质量、等级、出厂批次的材料都应分开，按先后顺序准备，以便先进后出，占用面积、垛形、间隔均要合理。

②牢固：垛位必须有最大的稳定性，不偏不倒、不压坏变形、苫盖物不怕风雨。

③定量：每层、每堆力求成整数，过磅材料分层、分捆计重，作出标记，自下而上累计数量。

④整齐：纵横成行，标志朝外，长短不齐、大小不同的材料、配件，靠通道一头齐。

⑤节约：一次堆好，减少重复搬运、堆码，堆码紧凑，节约占用面积。爱护苫垫材料及包装，节省费用。

⑥方便：堆放位置要方便装卸搬运、收发保管、清仓盘点、消防安全。

2）四号定位和五五化。

①四号定位：四号定位是在统一规划合理布局的基础上，定位管理的一种方法。四号定位就是定仓库号、货架号、架层号、货位号（简称库号、架号、层号、位号）。料场则是区号、点号、排号的安排，使整个仓库位置有条不紊，为科学管理打下基础。

②四号定位编号方法：材料定位存放，将存放位置的四号联起来编号。例如，普通合页规格50mm，放在2号库房、11号货架、2层、6号位，材料定位编号为2-11-2-06，由于这种编号一般仓库不超过个位数，货架不超过5层，为简化书写，所以只写一位数。如果写成02-11-02-06，亦可。

③五五化：是材料保管的堆码方法。这是根据人们计数习惯，喜欢以五为基数，如五、十、二十、…、五十、一百、一千等进行计数，将这种计数习惯用于材料堆码，使堆码与计数相结合，便于材料收发、盘点计数快速准确，这就是"五五摆放"。如果全部材料都按五五摆放，则仓库就达到了五五化。

五五化是在四号定位的基础上，即在固定货位，"对号如座"的货位上具体摆放的方法。

3）精心保养。精心保养，就是做好储存材料的维护保养工作。材料维护保养工作，必须坚持"预防为主、防治结合"的原则，具体要求是：

①安排适当的保管场所。

②搞好堆码、苫垫及防潮防损。

③严格控制温、湿度。

④要经常检查，随时掌握和发现保管材料的变质情况。

⑤严格控制材料储存期限。

⑥搞好仓库卫生及库区环境卫生。

（4）材料盘点。仓库和料场保存的材料，品种、规格繁多，收发频繁，计量与计算的差错，保管中的损耗、损坏、变质、丢失等种种因素，都可能导致库存材料发生数量与账、卡不符、质量下降等问题。只有通过盘点，才能准确地掌握实际库存量、摸清质量状况、发现材料保管中存在的各种问题，了解材料储备定额执行情况，以及呆滞、积压、利用、代用等挖潜措施执行情况。

对盘点的要求是：库存材料达到"三清"，即数量清、质量清、账表清；"三有"，即盈亏有原因、事故差错有报告、调整账表有依据；保证"四对口"，即账、卡、物、资金对口（资金未下库者为账、卡、物三对口）。

1）盘点内容。

①清点材料数量。

②检查材料质量。

③检查堆垛是否合理，稳固，下垫、上盖是否符合要求，有无漏雨、积水等情况。

④检查计量工具是否正确。

⑤检查"四号定位"、"五五化"是否符合要求，库容是否整齐、清洁。

⑥检查库房安全、卫生、消防是否符合要求；执行各项规章制度是否认真。

2）盘点方法。

①定期盘点。是指季末或年末对库房和料场保存的材料进行全面、彻底盘点，达到有物有账，账物相符，账账相符。

盘点步骤：按盘点规定的截止日期及划区分块范围、盘点范围，逐一认真盘点，数据要真实可靠；以实际库存量与账面结存量逐项核对，编报盘点表；结出盘盈或盘亏差异。

盘点中出现的盈亏等问题，按照"盘点中问题的处理原则"进行处理。

②永续盘点。对库房每日有变动的材料，当日复查一次，即当天对库房收入或发出的材料，核对账、卡、物是否对口；每月查库存材料的一半；年末全面盘点。

③盘点中的问题的处理原则。

a. 库存材料损坏、丢失。精密仪器撞击影响精度的，必须及时送交检验单位校正。由于保管不善而变质、变形的属于保管中的事故，应填写材料保管事故报告单，按损失金额大小，分别由业务主管或企业领导审批后，根据批示处理。

b. 库房被盗。指判明有被盗痕迹的，依据所损失的材料和相应金额，填材料事故报告单。无论损失大小，均应持慎重态度，报告保卫部门认真查明，经批示后才能作账务处理。

c. 盘盈或盘亏。材料盘盈或盘亏的处理，盈亏在规定范围以内的，不另填材料盈亏报告表，而在报表盈亏中反映，经业务主管审批后调整账面，盈亏量超过规定范围的，除在报表盈亏栏反映外；还必须在报表备注栏写明超过规定损耗的数量，同时填材料超储耗报告单，经领导审批后作账务处理，保管损耗定额。

d. 规格混串或单价划错。由于单据上的规格写错或发料的错误，造成在同一品种中某一规格盈、另一规格亏，这说明规格混串，查实后，填材料调整单，经业务主管审核后调整。

e. 材料报废。因材料变质，经过认真鉴定，确实不能使用，填写材料报废鉴定表，经企业主管批准，可以报废，报废是材料价值全部损失，应持慎重态度，只要还有使用价值就要利用，以减少损失。

f. 库存材料积压。库存材料在一年以上没有使用，或存量大，用量小，储存时间长，应列为积压材料，造具积压材料清册，报请处理。

g. 外单位寄存材料。外单位寄存的材料，即代保管的材料，必须与自有材料分开堆放，并有明显标志，分别建账立卡，不能与本单位材料混淆。

4.4.3 几种主要材料的管理

1. 钢材

（1）钢材进场时，必须进行资料验收、数量验收和质量验收。

（2）资料验收：钢材进场时，必须附有盖钢厂鲜章或经销商鲜章的包括炉号、化学成分、力学性能等指标的质量证明书，同采购计划、标牌、发票、过磅单等核对相符。

（3）数量验收必须两人参与，通过过磅、点件、检尺换算等方式进行，目前盘条常用的是过磅方式，直条、型钢、钢管则采用点件、检尺换算方式居多；检尺方式主要便于操作，但从合理性来讲，只适用于国标材，不适用于非标材，有条件应全部采用过磅方式，但过磅验收必须与标牌重量及检尺重量核对，一般不超过标牌重量或检尺计重，因此采购议价时应明确过磅价或检尺价。验收后填制材料进场计量检测原始记录表。

（4）质量验收：先通过眼看手摸和简单工具检查钢材表面是否有缺陷、规格尺寸是否相符、锈蚀情况是否严重等，然后通知质检（试验）人员按规定抽样送检，检验结果与国家标准对照判定其质量是否合格。

（5）进入现场的钢材应入库入棚保管，尤其是优质钢材、小规格钢材、镀锌管、板及电线管等；若条件所限，只能露天存放时，应做好上盖下垫，保持场地干燥。

（6）入场钢材应按品种、规格、材质分别堆放，尤其是外观尺寸相同而材质不同的材料，如Ⅱ、Ⅲ螺纹钢筋，优质钢材等，并挂牌标识。

（7）钢材收料后要及时填制收料单，同时作好材质书台账登记，发料时应在领料单备注栏内注明炉（批）号和使用部位。

2. 水泥

（1）水泥进场时，应进行资料验收、数量验收和质量验收。

（2）资料验收：水泥进场时检查水泥出厂质量证明（三天胶砂强度报告），查看包装纸袋上的标识、强度报告单、供货单和采购计划上的品种规格是否一致，散装水泥应有出厂的计量磅单。

（3）数量验收必须两人参与。袋装水泥在车上或卸入仓库后点袋记数，同时对袋装水泥重量实行抽检，不能出现负差，破袋的水泥要重新灌装成袋并过秤计量；散装水泥可以实际过磅计量，也可按出厂磅单计量，但卸车应干净，验收后填制《材料进场计量检测原始记录表》。

（4）质量验收：查看水泥包装是否有破损，清点破损数量是否超标；用手触摸水泥袋或查看破损水泥是否有结块；检查水泥袋上的出厂编号是否和发货单据一致，出厂日期是否过期；遇有两个供应商同时到货时，应详细验收，分别堆码，防止品种不同而混用；通知试验人员取样送检，督促供方提供 28d 强度报告。

（5）水泥必须入库保管，水泥库房四周应设置排水沟或积水坑，库房墙壁及地面应进行防潮处理；水泥库房要经常保持清洁，散灰要及时清理、收集、使用；特殊情况需露天存放时，要选择地势较高，便于排水的地方，并要有足够的遮垫措施，做到防雨水、防潮湿。

（6）水泥收发要严格遵守先进先出的原则，防止过期使用；要及时检查保存期限，水泥的存储时间不宜过长，从出厂到使用不得超过 90d。

（7）袋装水泥一般码放 10 袋高，最高不超过 15 袋，不同厂家、品种、标号、编号水泥要分开码放，并挂牌标识。

（8）水泥收料后要及时填制收料单，在备注栏内填制出厂编号和出厂日期；发料时应在领料单备注栏内注明水泥编号和使用部位。

3. 砂石

（1）砂石数量验收必须两人参与。按车牌号、车厢尺寸、实际高度车车实测，单车签单验收，并填制《材料进场计量检测原始记录表》；每月至少办理一次入账手续。

（2）砂石质量验收通过目测进行，主要看含泥量和云母等杂质含量，石子还要看针、片状数量和连续级配情况等，再通知试验人员取样送检。

（3）砂石料均为露天存放，存放场地要砌筑围护墙，地面必须硬化；若同时存放砂和石，砂石之间必须砌筑高度不低于 1m 的隔墙。

4. 红砖（砌块）

（1）红砖（砌块）数量验收必须两人参与。一般实行车车点数，点数时应注意堆码是否紧凑、整齐，必要时可以重新堆码记数，验收后填制《材料进场计量检测原始记录表》，每月至少办理收料一次。

（2）红砖（砌块）质量验收主要是目测和测量外观尺寸，过火砖比例不得超过规定比例，不允许出现欠火砖，外观尺寸偏差应符合标准要求，及时通知试验人员抽样送检测中心进行抗压、抗折等强度检测。

（3）红砖（砌块）堆码应按照现场平面布置图进行，一般应码放于垂直运输设备附近，使用时要注意清底和断砖的及时利用。

5. 商品混凝土

（1）签订商品混凝土合同时应尽量按施工图理论计量。如按实际车次计量，材料员应严格按照合同对随车发货单进行签证和抽查，如抽查出计量不足，则当批次供应的所有车次均按抽查出的单车最少量计量。

（2）每批次混凝土浇筑完后材料员应及时和混凝土工长一起进行复核，按车次计量与施工图理论计量对比，不超出正常偏差。如超出正常偏差，应及时与商品混凝土公司协调采取措施纠正。

（3）商品混凝土的质量检验分为出厂检验和交货检验。出厂检验的取样试验工作由供方承担，交货检验的取样试验工作由需方承担。

（4）试验员除了在施工现场按规范取样试验进行交货检验外，还应到商品混凝土搅拌站抽检，并做好抽检台账。

4.4.4 材料的发放与领用

发放与领用是现场材料管理中心环节，标志着材料从生产储备转向生产消耗，管理责任的转移，为确保材料发放与领用方向的正确，必须严格领发依据，明确领发责任，健全领发手续。

1. 发料依据

现场发料的依据是下达给班组、专业施工队的班组作业计划（任务书），根据任务书上签发的工程项目和工程量所计算的材料用量，办理材料的领发手续。由于施工班组、专业施工队伍各工种所担负的施工部位和项目有所不同，因此除任务书以外，还须根据不同的情况办理一些其他领发料依据。

2. 材料发放的程序

（1）将施工预算或定额员签发的限额领料单下达到班组。工长对班组交代生产任务的同时，做好用料交底。

（2）班组料具员持限额领料单向材料员领料。材料员经核实工程量、材料品种、规格、数量等无误后，交给领料员和仓库保管员。

（3）班组凭限额领料单领用材料，仓库依此发放材料。发料时应以限额领料单为依据，限量发放，可直接记载在限额领料单上，也可开领料小票，双方签字认证。若一次开出的领料量较大，需多次发放时，应在发放记录上逐日记载实领数量，由领料人签认，见表4-7、表4-8。

表4-7 　　　　　　　　　　　领 料 单

工程名称_____　　　　　　　　　　　　　　　　　　　队组_____

工程项目_____　　　　　　年　月　日　　　　　用途_____

材料编号	材料名称	规格	单位	数量	单价

项目经理　　　　　材料核算员：　　　　　材料保管员：　　　　　领料人：

表4-8 　　　　　　　　　　　发 放 记 录

栋号_____

班组_____　　　　　　　　年　月　日　　　　　计量单位：

任务书编号	日期	工程项目	发放量	领料人

任务书编号	日期	工程项目	发放量	领料人

主管：　　　　　　　　　　　　　　　　保管员：

（4）当领用数量达到或超过限额数量时，应立即向主管工长和材料部门主管人员说明情况，分析原因，采取措施。若限额领料单不能及时下达，应由工长填制并由项目经理审批的工程借用用料单，办理因超耗及其他原因造成多用材料的领发手续。

3. 材料发放方法

（1）大堆材料：主要包括砖、瓦、灰、砂、石等材料，一般都是露天存放，多工程使用。根据有关规定，大堆材料的进出场及现场发放都要进行计量检测。

（2）主要材料：包括水泥、钢材、木材等。一般是库发材料或是指定露天料场和大棚内保管存放，由专职人员办理领发手续。主要材料的发放要凭限额领料单（任务书）、有关的技术资料和使用方案发放。

（3）成品及半成品：主要包括混凝土构件、钢木门窗、铁件及成型钢管等材料。

4. 材料发放中应注意的问题

（1）必须提高材料人员的业务素质和管理水平，熟悉工程概况、施工进度计划、材料性能及工艺要求等，便于配合施工生产。

（2）根据施工生产需要，按照国家计量法规定，配备足够的计量器具，严格执行材料进场及发放的计量检测制度。

（3）在材料发放过程中，认真执行定额用料制度，核实工程量、材料的品种、规格及定额用量，以免影响施工生产。

（4）严格执行材料管理制度，大堆材料清底使用，水泥早进早发，装修材料按计划配套发放，以免造成浪费。

（5）对价值较高及易损、易坏、易丢失的材料，发放时领发双方须当面点清，签字认证并做好发放记录。

（6）实行承包责任制，防止丢失损坏，避免重复领发料的发生。

4.4.5　材料的消耗管理

材料的消耗管理，是对材料在施工生产消耗过程中进行组织、指挥、监督、调节和核算，消除不合理的消耗，达到物尽其用，降低材料成本，提高企业经济效益，在建设工程中，材料费用占工程造价比重很大，建筑企业的利润，大部分来自材料采购成本的节约和降低材料消耗，特别是降低现场材料消耗。

1. 材料消耗分析

（1）材料耗用依据。现场耗料的依据是根据施工班组、专业施工队报持的限额领料单（任务书）到材料部门领料时所办理的领料手续的凭证。常见有两种：一是领料（小票）；二是材料调拨单。领料单的使用范围：施工班组、专业施工队领料时，领发料双方办理领发（出库）手续，填制领料单，按领料单上的项目逐项填写，注明单位工程、施工班组、材料名称、规格、数量及领用日期，双方签字认证。

（2）材料耗用的程序。现场耗料过程，是材料核算的重要组成部分。

1）工程耗料。包括大堆材料、主要材料及成品、半成品等的耗料程序，根据领料凭证（任务书）所发出的材料经核算后，对照领料单进行核实，并近实际工程进度计算材料的实际耗料数量。由于设计变更、工序搭接造成材料超耗的，也要如实记入耗料台账，便于工程结算。

2）暂设耗料。包括大堆材料、主要材料及可利用的剩余材料。根据施工组织设计要求，所搭设的设施视同工程用料，要按单独项目进行耗料。按项目经理（工长）提出的用料凭证（任务书）进行核算后，与领料单核实，计算出材料的耗料数量。如月超耗也要计算在材料成本之内，并且记入耗料台账。

3）行政公共设施耗料。根据施工队主管领导或材料主管批准的用料计划进行发料，使用的材料一律以外调材料形式耗料，单独记入台账。

4）调拨材料。是材料在不同部门之间的调动，标志着所属权的转移。不管内调与外调都应记入台账。

5）班组耗料。根据各施工班组和专业施工队的领发料手续（小票），考核各班组、专业施工队是否按工程项目、工程量、材料规格、品种及定额数量进行耗料，并且记入班组耗料台账，作为当月的材料移动报告，如实地反映出材料的收、发、存情况，为工程材料的核算提供可靠依据。

（3）材料耗用方法。根据现场耗用材料的特点，使材料得到充分利用，保证施工生产，应根据材料的种类、型号分别采用不同的耗料方法。

（4）材料耗用中应注意的问题。现场耗料是保证施工生产、降低材料消耗的重要环节，切实做好现场耗料工作，是搞好项目管理的根本保证。为此应做好以下工作：

1）要加强材料管理制度，建立健全各种台账，严格执行限额领料和料具管理规定。

2）分清耗料对象，按照耗料对象分别记入成本。对于分不清的，例如群体工程同时使用一种材料，可根据实际总用量，按定额和工程进度进行分解。

3）严格保管原始凭证，不得任意涂改凭证，避免乱摊、乱耗，保证耗料的准确性。

4）建立相应的考核制度，对材料的耗用要逐项登记，避免乱摊、乱耗，保证耗料的准确性。

5）加强材料使用过程中和管理，认真进行材料核算，按规定办理领料手续。

2. 材料消耗管理

（1）材料消耗管理现状。

1）对材料工作的认识上，普遍存在着"重供应、轻管理"观念。

2）在施工现场管理与材料业务管理上，普遍存在着现场材料堆放混乱、管理不严，余料不能充分利用；材料计量设备不齐、不准，造成用料上的不合理；材料质量不稳定；材料紧缺，无法按材料原有功能使用，要配制高强度等级的混凝土时，因无高强度等级水泥供应，只能用低强度等级水泥替代，大量增加水泥用量；技术操作水平差，施工管理不善，工程质量差，造成返工，浪费材料，设计多变，采购进场的原有材料不合用，形成积压变质浪费；盲目采购，由于责任心不强或业务不熟悉，采购了质次或不适用的物资，或图方便，大批购进，造成积压浪费。

3）基层材料人员队伍建设上，普遍存在着队伍不稳定，文化水平偏低，懂生产技术和管理的人员偏少的状况，造成现场材料管理水平较低。

（2）强化现场材料管理。

1）加强施工管理和采购技术措施节约材料。

①节约水泥的措施。

a. 选择合适的水泥品种和强度等级。

b. 级配符合要求的情况下，尽量使用粒径大的骨料。

c. 选用合理的砂率。

d. 确定合适的水灰比。

e. 合理掺用外加剂。

f. 充分利用水泥活性及其强度富余系数。

g. 掺加粉煤灰。

②节约钢材的措施。

a. 集中断料，合理加工。

b. 在加工程序上力争节约钢材。

钢筋加工成型时，应注意钢筋合理的焊接或绑扎的搭接长度。另外，要充分利用钢筋经过冷拉、冷拔后的延伸率，减少钢筋的用量；使用预应力钢筋，亦可节约钢材。

c. 充分利用短料、旧料。

d. 避免以大代小，以优代劣。

③节约砂、石料的措施。

a. 集中搅拌混凝土、砂浆。

b. 利用原状粉煤灰、石屑代替砂子。

2）降低材料消耗。

①加强基础管理是降低材料消耗的基本条件。

②合理供料、一次就位、减少二次搬运和堆基损失。

③开展文明施工，做到施工操作落手清。所谓"走进工地，脚踏钱币"就是对施工现场浪费材料的形象批评。

④回收利用、修旧利废。

⑤加速材料周转的途径。

a. 计划准确、及时，材料储备不能超越储备定额，注意缩短周转天数，注意缩短周转天数。

b. 周转材料必须按工程进度及时安排、及时拆除并迅速转移。

c. 减少料具流通过程中的中间环节，简化手续和层次，选择合理的运输方式。

⑥定期进行经济活动分析和揭露浪费，堵塞漏洞。

（3）实行现场材料承包责任制。

现场实行材料承包责任制，主要是材料消耗过程中的材料承包责任制。它是使责、权、利紧密结合，以提高经济效益、降低单位工程材料成本为目的的一种经济管理手段。

1）实行材料承包制的条件。

①材料要能计量、能考核、算得清账。

②以施工定额为核算依据。

③执行材料预算单价，预算单价缺项的，可制定综合单价。

④严格执行限额领料制度，料具管理的内部资料，要求做到齐全、配套、准确、标准化、档案化。

⑤执行材料承包的单位工程。质量必须达到优良品方能提取奖金。

⑥材料节约，按节约额提取奖金，可根据材料价值的高、低，节约的难、易程度分别确定。

2）实行现场材料承包的形式。

①单位工程材料承包。对工期短、便于单一考核的单位工程，从开工到竣工的全部工程用料，实行一次性包死。各种承包既要反映材料实物量，也要反映材料金额，实行双控指标，向项目负责人发包，考核对象是项目承包者。这种承包可以反映单位工程的整体效益，堵塞材料消耗过程的漏洞，避免材料串、换、代造成的差额。项目负责人从整体考虑，注意各工种、工序之间的衔接，使材料消耗得到控制。

②按工程部位承包。对工程长、参建人员多或操作单一、损耗量大的单位工程，按工程的基础、结构、装修、水电安装等施工阶段，分部位实行承包，由主要工种的承包作业队承包。实行定额考核、包干使用、节约有奖、超耗有罚的制度。这种承包的特点是专业性强，不易串料，奖罚兑现快。

③特殊材料单项承包。对消耗量大、价格昂贵、资源紧缺、容易损耗的特殊材料实行物量承包。这些材料一般用于建筑产品造价高，功能要求特殊，使用材料贵重，甚至从国外进口的材料。承包对象为专业队组。这种承包可以在大面积施工，多工种参建的条件下，使某项专用材料消耗过程的有效管理措施。

3. 材料消耗定额管理概述

材料消耗的量和产品的量之间，有着密切的比例关系，材料消耗定额就是研究材料消耗和生产产品之间数量的比例关系。材料消耗定额是施工企业申请材料、供应材料、使用材料和考核节约与浪费的依据。

（1）材料消耗的概念。

1）材料消耗的构成。材料消耗的构成由构成产品或零件净重的材料消耗（指材料的有效部分消耗）；工艺性消耗（指产品或零件在加工过程中产生的消耗）；非工艺性消耗（包括由供应条件的限制所造成的消耗和其他不正常的消耗）三部分组成。

2）建筑企业材料消耗。建筑企业材料消耗是建筑企业在生产经营过程中消耗掉的材料，是实际施工中的消耗，一般包括以下内容：

①净用量。又称有效消耗，是指直接构成工程实体或产品实体的有效消耗量，是材料消耗中的主要内容。这部分最终进入工程实体的材料数量，在一定技术条件下，在一定时期内是相对稳定的，它随着建筑施工技术和建筑工业化发展及新材料、新工艺、新结构的采用而逐渐降低。

②操作损耗。也称工艺损耗，是指在施工操作中没有进入工程实体而在实体形成中损耗掉的那部分材料，如砌墙中的碎砖损耗、落地灰损耗、烧捣混凝土时的混凝土浆撒落；也包括材料使用前加工准备过程中的损耗，如边角余料、端头短料。这种损耗是在现阶段不可避免的，但可以控制在一定程度内。操作损耗将随着材料生产品种的不断更新、工人操作水平

的提高和劳动工具的改善而不断减少。

③非操作损耗。非操作损耗在很多地区和企业习惯称为管理损耗，是指在施工生产操作以外所发生的损耗。如保管损耗，运输损耗，垛底损耗，以及材料供应中出现的以大代小、以优代劣造成的损耗。这种损耗在目前的管理手段、管理设施条件下很难完全避免。但应使其降低到最低损耗水平，并应逐步改善材料管理条件，提高供应水平，从而降低非操作损耗。

（2）材料消耗定额的构成。材料消耗定额是指在合理和节约使用材料的前提下，生产单位合格产品所消耗的建筑材料的数量标准。

材料消耗由实体消耗材料（直接构成工程实体所消耗的材料）和周转性材料（指在施工中多次使用而逐渐消耗的工具性材料，如脚手架、模板、挡土板等）组成。

1）实体消耗性材料定额消耗量的组成。公式如下：

$$材料的消耗量＝材料的净用量＋材料的损耗量$$

构成产品实体的材料用量　　不可避免的施工废料和操作损耗

$$材料损耗率＝\frac{材料的损耗量}{材料的净用量}×100\%$$

2）实体消耗性材料定额的制定方法。

①理论计算法。理论计算法是根据设计、施工验收规范和材料规格等，从理论上计算材料的净用量。

②实验室实验法。

③统计分析法。

④现场观察法。

3）主要材料消耗指标的计算。主要材料消耗定额中的主要材料是指构成工程的主要实体，通常一次性消耗且价值量相对较高的材料，例如钢材、木材、水泥、砂、石、砖、石灰等。其消耗定额一般按品种分别确定，主要材料消耗定额中包括建筑施工中的进入工程实体的净用量和合理的损耗，即

$$主要材料消耗量＝材料净用量＋损耗量＝净用量×（1＋损耗率）$$
$$材料损耗率＝（损耗量／净用量）×100\%$$
$$材料损耗量＝材料净用量×损耗率$$

4）周转性材料定额消耗量的确定。周转材料的消耗过程较主要材料复杂。它往往多次使用且不构成工程实体，在使用过程中又基本保持其原有形态，周转性材料在施工中不是一次性消耗完，而是随着周转次数的增加，逐步损耗，最终丧失使用价值。因此周转材料每一次使用都产生一定的损耗。周转性材料的定额消耗量，应按多次使用，分次摊销的方法计算，且考虑回收因素。其消耗量的一般计算方法为：

$$周转使用量＝\frac{一次使用量＋一次使用量×（周转次数）}{周转次数}$$

$$一次使用量＝每10m^3 混凝土和模板的接触面积×\frac{每 m^2 接触面积模板用量}{1－损耗率}$$

$$补损率＝\frac{平均每次损耗量}{一次使用量}×100\%$$

$$摊销量 = 周转使用量 - 回收量$$

$$回收量 = 一次使用量 \times \frac{1 - 损耗率}{周转次数} \times \frac{回收折价率}{1 + 施工管理费率}$$

$$回收折价率 = 50\%$$

$$施工管理费率 = 18.2\%$$

(3) 材料消耗定额的类型。材料消耗定额根据定额用途、材料类别和定额应用范围不同，有以下几种。按照材料消耗定额的用途，可分为材料消耗概算定额、材料消耗施工定额和材料消耗估算指标。

1) 材料消耗概算定额。是施工中常用的材料消耗定额，与劳动定额、机械台班定额共用组成建筑工程概算定额。

材料消耗概算定额，是由各省市基本建设主管部门，按照一定时期内执行的标准设计或典型设计，按照建筑安装工程施工及验收规范、质量评定标准及安全操作规程，并依据当地社会劳动消耗的平均水平、合理的施工组织设计和施工条件编制的。

材料消耗概算定额，是编制建筑安装施工图预算的法定依据，是进行工程材料结算，计算工程造价的依据，是计取各项费用的基本标准。因此材料消耗概算定额不仅要以实物形态表现，还要以价值形态表现，既要有材料的实物定额消耗量，还要有材料计划价格。

2) 材料消耗施工定额。材料消耗施工定额，是由建筑企业自行编制的材料消耗定额。它是在结合本企业现有条件下可能达到的水平而确定的材料消耗标准。材料消耗施工定额反映了企业管理水平、工艺水平和技术水平。材料消耗施工定额是材料消耗定额中最细的定额，具体反映了每个部位、每个分项工程中每一操作项目所需材料的品种甚至规格。材料消耗施工定额的水平高于材料消耗概算定额，即同一操作项目中同一种材料消耗量，施工定额中的消耗数量低于概算定额中的消耗用量。

材料消耗施工定额是建设项目施工中编制材料需用计划、组织定额供料的依据，是企业内部经济核算、进行经济活动分析的基础，是材料部门进行两算对比的内容之一，是企业内部考核、开展劳动竞赛的基础。

材料消耗施工定额（即实体消耗性材料定额）主要包括材料净用量（确定直接使用在工程上，构成工程实体的材料消耗量）和材料损耗量（在施工现场内运输、加工及施工操作过程中不可避免的合理损耗量）两大部分。

3) 材料消耗估算指标。是在材料消耗概算定额基础上，以扩大的结构项目形式表示的一种定额。通常它是在施工技术资料不齐，有较多不确定因素条件下用于估算某项工程或某类工程、某个部门的建筑工程需用主要材料的数量。材料消耗估算指标是非技术定额，因此不能用于指导施工生产，而是用于审核材料计划，考核材料消耗水平，同时它是编制初步概算、控制经济指标的依据，是编制年度材料计划和备料的依据，是匡算主要材料需用量的依据。

材料消耗估算指标，因使用要求不同和资料来源不同，常用的有以下两种：

第一种是以企业完成的建筑安装工作量和材料消耗量的历史统计资料测算的材料消耗估算指标。其计算方法是：

$$每万元工作量某材料消耗量 = \frac{统计期内某种材料消耗总量}{该统计期内完成的建成工作量（万元）}$$

这种估算指标属经验指标，故也称经验定额。其指标量的大小与一定时期内的工程特点、地区性的经济政策、材料资源情况、价格因素有关。因此，使用这一定额时，要结合计划工程项目的有关情况进行分析，适当予以调整。

第二种是按完成的建筑施工面积和完成该面积所消耗的某种材料测算的材料消耗估算指标，其计算方法是：

$$每平方米建筑面积某材料消耗量 = \frac{统计期内某种材料消耗总量}{该统计期内完成的施工面积（m^2）}$$

该种指标受不同项目结构类型不同的影响。通常需要按不同类型不同结构的单位工程分类，以竣工后各类工程主要材料消耗数量统计平均计算而得，并应附主要材料的规格比例。这种经验定额，虽然不受价格因素影响，但受设计选用材料品种的不同和其他变更因素影响，使用时也应根据实际情况进行适当调整。

4.5　周转材料的管理

4.5.1　周转材料概述

周转材料是指能够多次应用于施工生产，有助于产品形成，但不构成产品实体的各种材料。是有助于建筑产品的形成而必不可少的劳动手段。例如，浇捣混凝土所需的模板和配套、施工搭设的脚手架及其附件等。

在一些特殊情况下，由于受施工条件限制，有些周转材料也是一次性消耗的，其价值也就一次性转移到工程成本中去，如大体积混凝土浇捣时所使用的钢支架等在浇捣完成后无法取出，钢板桩由于施工条件限制无法拔出，个别模板无法拆除等。也有些因工程的特殊要求加制作的非规格化的特殊周转材料，只能使用一次，这些情况虽然核算要求与材料性质相同，实物也作销账处理，但也必须做好残值回收，以减少损耗，降低工程成本。因此，搞好周转材料的管理，对施工企业来讲是一项至关重要的工作。

1. 周转材料的分类

施工生产中常用的周转材料包括定型组合钢模板、大钢模板、滑升模板、飞模、酚醛复膜胶合板、木模板、杉槁架木、钢和木脚手板、门型脚手架以及安全网、挡土板等。

周转材料，按其自然属性可分为钢制品和木制品两类；按使用对象可分为混凝土工程周转材料、结构及装修工程用周转材料和安全防护用周转材料三类。

近年来，随着"钢代木"节约木材的发展趋势，传统的杉槁、架木、脚手板等"三大工具"已为高频焊管和钢制脚手架替代；木模板也基本为钢模板所取代。

2. 周转材料管理的任务

（1）根据生产需要，及时、配套地提供适量和适用的各种周转材料。

（2）根据不同周转材料的特点建立相应的管理制度和办法，加速周转，以较少的投入发挥尽可能大的效能。

（3）加强维修保养，延长使用寿命，提高使用的经济效果。

3. 周转材料管理的内容

（1）使用。周转材料的使用是指为了保证施工生产正常进行或有助于产品的形成而对周转材料进行拼装、支搭及拆除的作业过程。

（2）养护。指例行养护，包括除却灰垢、涂刷防锈剂或隔离剂，使周转材料处于随时可投入使用的状态。

（3）维修。修复坏且不可修复的周转材料，按照使用和配套的要求进行大改小、长改短的作业。

（4）改制。改进制作周转料具符合施工需要。

（5）核算。包括会计核算、统计核算和业务核算三种核算方式。会计核算主要反映周转材料投入和使用的经济效果及其摊销状况，它是资金（货币）的核算；统计核算主要反映数量规模、使用状况和使用趋势，它是数量的核算；业务核算是材料部门根据需要和业务特点而进行的核算，它既有资金的核算，也有数量的核算。

4.5.2 周转材料的管理方法

1. 租赁管理

（1）租赁的概念。租赁是指在一定期限内，产权的拥有方向使用方提供材料的使用权，但不改变所有权，双方各自承担一定的义务，履行契约的一种经济关系。实行租赁制度必须将周转材料的产权集中于企业进行统一管理，这是实行租赁制度的前提条件。

（2）租赁管理的内容。

1）应根据周转材料的市场价格变化及推销额度要求测算租金标准，并使之与工程周转材料费用收入相适应。

2）签订租赁合同，在合同中应明确以下内容：

a. 租赁的品种、规格、数量，附有租用品明细表以便查核。

b. 租用的起止日期、租用费用以及租金结算方式。

c. 规定使用要求、质量验收标准和赔偿办法。

d. 双方的责任和义务。

e. 违约责任的追究和处理等。

3）考核租赁效果，通过考核找出问题，采取措施提高租赁管理水平。

（3）租赁管理方法。

1）租用。项目确定使用周转材料后，应根据使用方案制定需要计划，由专人向租赁部门签订租赁合同，并做好周转材料进入施工现场和各项准备工程，如存放及拼装场地等。租赁部门必须按合同保证配套供应并登记《周转材料租赁台账》。

2）验收和赔偿。租赁部门应退库周转材料进行外观质量验收。如有丢失损坏应由租用单位赔偿。验收及赔偿标准一般按以下原则掌握；对丢失或严重损坏（指不可修复的，如管体有死弯，板面严重扭曲）按原值的 50% 赔偿；一般性损坏（指可修复的，如板面打孔、开焊）按原值 30% 赔偿；轻微损坏（指不需使用机械，仅用手工即可修复的）按原值的 10% 赔偿。

3）结算。租金的结算期限一般自提运的次日起至退租之日止，租金按日历天数逐日计取，按月结算。租用单位实际支付的租赁费用包括租金和赔偿费两项。

2. 周转材料的费用承包管理方法

周转材料的费用承包是适应项目管理的一种管理形式，或者说是项目管理对周转材料管理的要求。它是指以单位工程为基础，按照预定的期限和一定的方法测定一个适当的费用额度交由承包者使用，实行节奖超罚的管理。

4.5.3 几种周转材料管理

1. 组合钢模板的管理

（1）组合钢模的组成。组合钢模是考虑模板各种结构尺寸的使用频率和装拆效率，采用模数制设计的，能与《建筑统一模数制》和《厂房建筑统一化基本规则》的规定相适应，同时还考虑了长度和宽度的配合，能任意横竖拼装，这样既可预先拼成大型模板，整体吊装，也可以按工程结构物的大小及其几何尺寸就地拼装，组合钢模的特点是：按缝严密、灵活性好、配备标准，适用性强、自重轻，搬运方便。在建筑业得到广泛的运用。

组合钢模主要由钢模板和配套件两部分组成，其中钢模板视其不同使用部位，又分为平面模板、转角模板、梁腋模板、搭接模板等。

组合钢模的配套件分为支承件（以下称"围令支撑"）与连接件（以下称"零配件"）两部分。

围令支撑主要用于钢模板纵横向及底部起支承拉结作用，用以增强钢模板的整体性、刚度及调整其平直度，也可将钢模板拼装成大块板，以保证在吊运过程中不致产生变形。按其作用不同又分为围令、支撑两个系统。

钢模的零配件，目前使用的有以下几种：

1）U形卡（又称万能销或回形卡）。

2）L形插销（又称穿销，穿钉）。

3）钩头螺栓（弯钩螺栓）。

4）对拉螺栓（模板拉杆）。

5）扣件，是与其他配件一起将模板拼装成整体的连接件。

（2）组合钢模置备量的计算及其配套要求。编制钢模用量计划，根据企业计划期模板工程量和钢模推广面指标计算（见表4-9）。

表 4-9　　　　　　　　　　每立方米混凝土的模板面积参考资料

构件名称	规格尺寸	模板面积	构件名称	规格尺寸	模板面积
条形基础		2.16	梁	宽 0.35m 以内	8.89
独立基础		1.76		宽 0.45m 以内	6.67
满堂基础	无梁	0.26	墙	厚 10cm 以内	25.00
	有梁	1.52		厚 20cm 以内	13.60
设备基础	5m³ 以内	2.91		厚 20cm 以外	8.20
	20m³ 以内	2.23	电梯井壁		14.80
	100m³ 以内	1.50	挡土墙		6.80
	100m³ 以外		有梁板	厚 10cm 以内	10.70
桩	周长 1.2m 以内	14.70		厚 10cm 以外	8.70
	周长 1.8m 以内	9.30	无梁板		4.20

构件名称	规格尺寸	模板面积	构件名称	规格尺寸	模板面积
桩	周长1.2m以外	4.80	平板	厚10cm以内	12.00
梁	宽0.25m以内	12.00		厚10cm以外	8.00

计算公式如下：

计划期钢模板工程量＝计划期模板工程量（m²）×钢模板的推广面积（％）

依据计划期钢模板工程量及企业实际钢模板用量，参照历年来钢模的平均周转次数可决定钢模板的置备量，其计算公式如下：

$$计划期钢模板置备量 = \frac{计划期钢模板工程量}{计划期钢模板周转次数} - 计划期的钢模板用量$$

钢模置备量的计算由多种因素确定，要根据各企业的具体情况。参照上式计算，钢模的置备量过高，购置费用就大，模板闲置积压的机会就多，不利于资金周转；置备量过小，又不能满足施工需要，因此必须全面统筹计划。

2. 木模板的管理

（1）木模板需用量的确定。建筑企业一般是根据混凝土工程量匡算模板接触面积的（或模板展开面积）。然后扣除使用钢模的部分，即为木模的需用面积，再依据木模的需用量计算得出计划期的木材申请数。

计算公式：

$$计划期木材申请数 = \frac{Sr}{m} - w$$

式中　S——计划期木材需用面积（m²）；

　　　r——平均每平方米木模换算成木材的经验平均用量，依地区、单位、部位的不同而不同，通常取每平方米的木模需用 $0.1 \sim 0.15 m^3$ 的成材；

　　　m——木材的周转次数，根据目前木材供应的资源及质量情况，一般是南方材周转使用在 5 次左右，北方材周转使用在 6 次左右；

　　　w——计划期末企业的木材库存量。

（2）木模板和管理形式。木模板的使用，在现阶段还占有一定的比重，主要管理形式有：

1）统一集中管理。设立模板配制车间，负责模板的统一管理、统一配料、统一制作、统一回收。

2）模板专业队管理。是专业承包性质的管理。它负责统一制作、管理及回收，负责安装和拆除。实行节约有奖，超耗受罚的经济包干责任制。

3）四包管理。由班组"包制作，包衬，包拆除，包回收"，形成制作、安装、拆除相结合的统一管理形式。各道工序互创条件，做到随拆随修，随修随用。

3. 脚手架的管理

为了加速周转，减少资金占用，脚手架料采取租赁管理办法，实效甚好。

脚手架料由于用量大，周转搭设，拆除频繁，流动面宽，一般由公司或项目部设专业租赁站，实行统一管理，灵活调度。

4.6　工具管理

4.6.1　工具的概念

工具是人们用以改变劳动对象的手段，是生产要素中的重要组成部分。工具具有多次使用，在劳动生产中能长时间发挥作用的特点。

1. 工具管理的主要任务

（1）及时、齐备地向施工班组提供优良、适用的工具，积极推广和采用先进工具，保证施工生产，提高劳动效率。

（2）采取有效的管理办法，加速工具的周转，延长使用寿命，最大限度地发挥工具效能。

（3）做好工具的收、发、保管和维护、维修工作。

2. 工具的分类

施工工具不仅品种多，而且用量大。建筑企业的工具消耗，一般约占工程造价的 2%，因此，搞好工具管理，对提高企业经济效益也很重要。为了便于管理，将工具按不同内容进行分类。

（1）按工具的价值和使用期限分类。

1）固定资产工具。是指使用年限 1 年以上，单价在规定限额（一般为 1000 元）以上的工具。如 50t 以上的千斤顶、测量用的水准仪等。

2）低值易耗工具，是指使用期或价值低于固定资产标准的工具，如手电钻、灰槽、苫布、扳子、灰桶等。这类工具量大繁杂，占企业生产总价值的 60% 以上。

3）消耗性工具。是指价值较低（一般单价在 10 元以下），使用寿命很短，重复使用次数很少且无回收价值的工具，如铅笔、扫帚、油刷、锹把、锯片等。

（2）按使用范围分类。

1）专用工具。

2）通用工具。

（3）按使用方式和保管范围分类。

1）个人随手工具。

2）班组共用工具。

另外，按工具的性能分类，有电动工具、手动工具两类。按使用方向划分，有木工工具、瓦工工具、油漆工具等。按工具的产权划分，有自有工具、借入工具、租赁工具。工具分类的目的是满足某一方面管理的需要，便于分析工具管理动态，提高工具管理水平。

4.6.2　工具管理的内容

1. 储存管理

工具验收后入库，按品种、质量、规格、新旧残废程度分开存放。

2. 发放管理

按工具费定额发出的工具，要根据品种、规格、数量、金额和发出日期登记入账，以便考核班组执行工具费定额的情况。

3. 使用管理

根据不同工具的性能和特点制定相应的工具使用技术规程和规则。监督、指导班组按照工具的用途和性能合理使用。

4. 工具的管理

（1）工具租赁管理方法。工具租赁是在一定的期限内，工具的所有者在不改变所有权的条件下，有偿地向使用者提供工具的使用权，双方各在承担一定的义务的一种经济关系。工具租赁的管理方法适合于除消耗性工具和实行工具费补贴的个人随手工具以外的所有工具品种。

企业对生产工具实行租赁的管理方法，需进行以下几步工作：

1）建立正式的工具租赁机构。

2）测算租赁单价。

3）工具出租者和使用者签订租赁协议。

4）根据租赁协议，租赁部门应将实际出租工具的有关事项登入《租金结算台账》。

5）租赁期满后，租赁部门根据《租金结算台账》填写《租金及赔偿结算单》。

6）班组用于支付租金的费用来源是定包工具费收入和固定资产工具及大型低值工具的平均占用费。

（2）工具的定包管理办法。工具定包管理是"生产工具定额管理、包干使用"的简称。是施工企业对班组自有或个人使用的生产工具，按定额数量配给，由使用者包干使用，实行节奖超罚的管理方法。

（3）对外包队使用工具的管理方法。

1）凡外包队使用企业工具者，均不得无偿使用，一律执行购买和租赁的办法。外包队领用工具时，须由企业劳资部门提供有关详细资料，包括外包队所在地区出具的证明、人数、负责人、工种、合同期限、工程结算方式及其他情况。

2）对外包队一律按进场时申报的工种颁发工具费。施工期内变换工种的，必须在新工种连续操作25d后，方能申请按新工种发放工具费。

外包队工具费发放的数量，可参照班组工具定包管理中某工种班组月度定包工具费收入的方法确定。外包队的工具费随企业应付工程款一起发放。

3）外包队使用企业工具的支出。采取预扣工具款的方法，并将此项内容列入承包合同。预扣工具款的数量，根据所使用工具的品种、数量、单价和使用时间进行预计。

4）外包队向施工企业租用工具的具体程序：

①外包队进场后由所在施工队工长填写"工具租用单"，经材料员审核后，一式三份（外包队、材料部门、财务部门各一份）。

②财务部门根据"工具租用单"签发"预扣工具款凭证"，一式三份（外包队、财务部门、劳资部门各一份）。

③劳资部门根据"预扣工具款凭证"按月分期扣款。

④工程结束后，外包队需按时归还所租用的工具，将材料员签发的实际工具租赁费凭证，与劳资部门结算。

⑤外包队领用的小型易耗工具，领用时一次性计价收费。

⑥外包队在使用工具期内，所发生的工具修理费，按现行标准付修理费，从预扣工程款中扣除。

⑦外包队丢失和损坏所租用的工具，一律按工具的现行市场价格赔偿，并从工程款中扣除。

⑧外包队退场时，料具手续不清，劳资部门不准结算工资，财务部门不得付款。

（4）个人实行工具津贴费管理办法。

1）实行个人工具津贴费的范围。

2）确定工具津贴费标准的方法。

3）凡实行个人工具津贴的工具，单位不再发给，施工中需用的这类工具，由个人负责购买、维修和保管。丢失、损坏由个人负责。

4）学徒工在学徒期不享受工具津贴，由企业一次性发给所需用的生产工具。学徒期满后，将原领工具按质折价卖给个人，再享受工具津贴。

4.7 危险品安全管理

具有易燃、易爆、腐蚀、有毒等性质；在生产、贮运使用中能引起人身伤亡、财产损毁的物品，均属于危险物品，如油漆、稀料、杀菌药品、氧气瓶等。因此，必须保证施工现场材料、物资存放规范化、标准化，确保库存物资（特别是易燃、易爆、危险品）在现场安全保存。

4.7.1 危险品管理原则

（1）应根据材料性能采取必要的防雨、防潮、防爆措施，采取及时入库，专人管理，加设明显标志，严格执行领退料手续。

（2）危险品的领取应由工长亲自签字，用多少领多少，用不完的及时归还库房。

（3）使用危险物品必须注意安全，采取必要的防护安全措施。

（4）使用者必须具有一定的使用操作知识、安全生产知识。

4.7.2 危险品管理制度

（1）危险品入库验收时，要检查包装是否完整、密封，如发现有泄漏时，应立即换装符合要求的包装。

（2）危险品搬运时应轻拿轻放，避免碰撞、翻倒和损坏包装，严禁重抛、撞击。

（3）危险品贮存时应设专区或专柜存放；在施工现场应有专房存放，库房应保持通风良好，品种应分类放置和标识。

（4）无关人员不得进入危险品贮存场地，贮存场地严禁吸烟和使用明火，并按要求配备一定数量的灭火器，在显要位置（如大门上）张贴防火和危险品的标识。

（5）危险品在使用时，应有专人领用、管理和调配。调配应在指定的地方进行，使用前应清理场地，远离火源，无关人员应撤离现场。

（6）油漆及涂料应指定专人按使用调配，应尽量避免浪费和泄漏，无用的油漆和涂料渣应作为有毒有害固体废弃物单独存放，定期交指定的部门处理。

（7）氧气、乙炔存放时要保持安全距离，不得混放，且远离火源防止日光暴晒，最好直立存放在木格或铁格内，室内气温不宜超过 38 度，瓶口螺丝禁止上油，不能与油脂和可燃物接触。

4.7.3 危险品管理方案

1. 危险品处使用、存放方案

（1）易燃易爆物品不能存放在施工的楼房内，要设专门的库房存放。

（2）存放易燃易爆物品的库房必须有专人负责，库房应用非易燃材料搭设并放置灭火器材，库房不准使用超过 60 瓦的灯泡，灯头与物品应保持安全距离，库房内不准住人或做办公室等其他用途。

（3）现场的汽油、柴油、稀料等易燃易爆危险品要存放到专用库房内，防止暴晒铁桶炸裂起火。

（4）电气焊工作业前必须对作业面及附近进行检查，发现有可燃物时应先进行处理，确保安全后方可进行做业，下班后要认真检查，确认没有火源存在切断电源后方可离开。

（5）现场氧气、乙炔瓶要设专人负责，保管使用搬运时要做到轻装轻卸，避免撞击，使用氧气时严禁与各种油漆接触，要远离热源，防止阳光暴晒。

（6）施工现场不得随意使用明火，使用明火须到工地安全部门开取动火证后方可进行。

（7）工地上堆放生石灰时不能靠近易燃物。

（8）现场上的木料不能过于集中存放，以确保安全。

（9）施工现场内不得吸烟。

（10）现场施工用电、临时用电必须由电工负责拉接，坚决杜绝使用铁丝、铜丝代替保险丝的做法。

（11）施工现场及生活区严禁使用电炉。因工作需要使用者，须经领导批准。

（12）配电箱附近禁止堆放易燃易爆危险品。

（13）对易燃易爆危险品、化学危险品和可燃液体、仓库等危险处设置醒目的防火标志警示牌，电气焊远离易燃、易爆液（气）体库房和作业区。

（14）对易燃易爆危险品、化学危险品和可燃液体要严格管理，严格控制易燃、易爆液（气）体进入施工现场，进入现场的易燃、易爆液（气）体，做到分类存放，做好防火措施，对施工现场工作面和材料堆放场内的易燃可燃杂物要及时清理或运走、隔离或堆放在指定地点。

（15）对易燃、易爆、有毒化学危险品设专库专管，未经单位领导人批准，任何人都不得动用。

2. 库房消防管理制度

（1）库房管理要严格按有关规定设置，工程内不准设库房。

（2）库房应用非可燃材料支搭，易燃、易爆物品应设专库存放，不得与其他料具混放。

（3）库房内不准吸烟，不能做办公室使用，不准住人，如因特殊情况，报项目批准后方可住人。

（4）因工程需要在工程内搭设库房的，要报请项目审批。经批准后方可设置库房，易燃、易爆危险品库房禁止在工程主体内设置。

（5）库房用电必须符合安全用电规范，严禁使用高压电。

（6）库房内要配备足量灭火器材，并保证随时能够使用。

（7）库房内材料要堆码整齐，禁止乱堆乱放。

（8）加强对现场易燃、易爆物品的管理，尤其是露天存放的物品、有毒有害物品的管理，及时回收，及时消除，防水作业，保持通风良好，佩带防护用具等。保管人员要限额发料，剩余材料及时回收并分库存放，禁止与料具混放。

4.8 施工余料和施工废弃物的处置与利用

施工余料和施工废弃物是指施工生产过程中产生的建筑垃圾、边角余料和废弃包装材料、机械修理产生的废弃零件、含油物品的丢弃，生活区和办公区产生的生活垃圾。

4.8.1 固体废弃物的处理

（1）建筑垃圾：对砖、混凝土渣等若能利用（经甲方监理同意）作为回填用料时，应尽可能利用；对不能利用的建筑垃圾，在施工中随时清理，并运到指定地点处理。

（2）建筑垃圾应遵守《城市建筑垃圾管理规定》中的规定，固体废弃物应遵循"轻量化""资源化""无害化"的处理原则。在生活区、办公区设立垃圾箱，垃圾箱应标明可回收和不可回收垃圾。定期有专人负责清理，并按规定进行处置，不可回收垃圾运到垃圾场处理。

（3）边角余料和废弃包装物：由项目部物资供应部门负责回收和处理。

（4）机械维修产生的废损零件等，应堆放在规定的位置。

（5）现场电焊工用后的电焊条等废料，严禁随地乱扔。应集中装在容器内，定期回收清理。

（6）项目部定期进行检查，发现问题，及时解决处理。

（7）放置废弃物的容器或堆放场地要有明显标识并应做到对有可能产生二次污染的物品或废弃物要对放置的容器加盖，防止因风、雨、热等天气原因而引起的对环境再次污染。放置危险化学物品的废弃包装物要有回收特别标识。堆放区注明"危险废弃物"，防止泄漏、蒸发和预防与其他废弃物相混淆。

4.8.2 现场余料与废料的处理

（1）项目部负责项目余料、废料的回收，商务部组织相关技术人员确认废料在项目施工过程中是否可再利用。

（2）材料使用者必须退交余料，对拒交、故意抛洒、毁坏、掩埋材料者，由所在部门追究相关人员责任。

（3）施工余料的处理一般在项目结束后的收尾阶段进行，废料则根据工程的进展按月、按季度定期进行。

（4）变卖处理余料、废料必须按规定进行请示，严禁先斩后奏，化整为零。

（5）属于顾客提供的材料的余料应按顾客的要求处理。

（6）余料处理。

1）余料应在施工中及时尽可能利用或集中堆放，统一清理处置。禁止将余料随意倾倒在边坡、路边，造成污染。

2）有条件转场使用的必须转场使用，转场时按内部调拨处理，必要时可由商务部进行协调。

3）没有条件转场时可以按以下方法处理：与供货商协商，由供货商进行回收或变卖处理。

4）需要处理时由项目组向项目部提出书面申请，项目部经理批准后才能进行。处理须在商务部、财务部有关人员共同监督下进行，所得收入必须按财务规定入账。

（7）废料处理。

1）经项目部技术人员确认边角料、包装材料等无用时可视为废料、拆除临时设施回收的材料等不能再次利用的也按废料处理。

2）所有废料必须当天及时归类清理，集中统一堆放，对于危险品废料要有具专业资质的部门回收，严禁将其随意变卖。

3）废料的处理方式为：社会上有回收单位的，进行变卖处理；社会上无回收单位的，按废弃物处理。

4）变卖处理废料由项目组向项目部提出书面申请（见表 4 - 10），项目部经理批准后才能进行。处理需在商务部、财务部有关人员共同监督下进行，所得收入必须按财务规定入账。

表 4 - 10　　　　　　　　　　　余料/废料处理申报单

申报项目：		项目编号：		申报日期：	
申报内容及明细：					
技术员：			项目经理：		
项目部		商务部		财务部	

公司主管领导批复：

注：余料、废料分别申报，余料必须注明明细，表格填写不下可附页。

  5）废弃物处理的具体操作执行《施工环境运行管理程序》。

  （8）商务部及时对项目部的执行情况进行监督，发现问题及时纠正并要求整改。

本 章 练 习 题

  1. 简述材料管理的内容。

  2. 简述材料消耗定额的制定方法。

  3. 简述材料消耗施工定额与概预算定额的关系。

  4. 简述材料采购和加工的主要内容。

  5. 简述材料计划的编制程序。

  6. 简述材料供应管理的主要内容。

  7. 简述限额领料的形式、数量的确定和程序。

  8. 材料不合理运输的方式有哪些？应如何避免？

  9. 简述材料储备的意义、种类。

  10. 影响材料的储备因素有哪些？

  11. 简述仓库盘点内容及方法。

  12. 简述现场材料管理原则。

  13. 水泥的验收的内容有哪些？

  14. 简述降低材料消耗主要途径。

  15. 周转材料管理有哪些内容？

  16. 简述常用工具管理方法。

  17. 简述材料消耗定额管理的基本要求。

第5章

建筑材料的核算

建筑材料核算是建筑施工管理的重要组成部分和重要环节。在建筑施工中，管好建筑材料，建筑工程质量就有了充分保障，建设成本也会极大降低。如今建筑市场竞争日趋激烈，如何有效加强预警、规范和转移风险，已经成为摆在建筑企业面前的一个重要课题。因此，搞好建筑材料的核算与管理能够有助于加快施工进度、保证施工质量、降低施工成本、提高经济效益。

5.1 建筑材料核算概述

5.1.1 为什么要进行建筑材料核算

1. 建筑材料核算的目的

建筑材料核算是采取行之有效的方法，以质优价低的建筑材料满足施工需要，并在过程中控制材料的质量和数量，把工程材料成本控制在最低。建筑材料核算就是把所产生的费用分类归集、汇总、核算，计算出建筑费用发生总额和分别计算出每项的实际费用。其基本任务是及时、准确地核算出实际总成本和单位成本，提供正确的成本数据，为企业经营决策提供科学依据，并借以考核成本计划执行情况，综合反映企业的生产经营管理水平。

在会计核算中材料的核算是一项重要内容。进行建筑材料核算，应当准确计算原材料购入成本，促使企业努力降低材料成本；准确掌握材料的使用和保管情况，促进企业降低材料物耗；准确掌握材料资金的占用情况，促进企业提高资金的使用效果。

2. 建筑材料核算管理的重要性

建筑材料是建筑企业生产过程中的劳动消耗对象。在施工建设过程中被用来构建成建筑实体。材料每经过一个施工周期，就要被大量消耗掉。同时，其价值也随之转移到建筑工程价值中去，建筑企业的材料，其产品名种类多达上千种，其价值要占资产总量的六成以上，材料耗费更是生产成本的主要内容。因此，建筑材料核算与管理的好坏，对生产成本的高低，资金周转的快慢，现金流量的盈亏，经济效益的好坏，都有着重要意义。

（1）加强建筑材料核算管理是外部环境所需。企业的外部环境，主要包括政策环境、科技环境和市场环境。当今市场环境竞争日趋激烈，市场中存在着许多经营规模、经营方式和管理水平相近的企业，如果不能有效对建筑材料做好核算管理，造成材料闲置或者过度消耗，必将会加大企业生产资金的大量占用，会降低企业对不可预计的风险发生时的抵挡力和应变力，导致在激烈的市场竞争中，降低企业综合实力和竞争力。

（2）加强建筑材料核算管理是企业发展之要。和国外成熟的市场经济运作方式相比，我们从计划经济过渡到市场经济时间较短，大多数建筑企业材料核算工作没有系统开展，主要是由于企业前期粗放运作模式造成的。现在行业发展已步入成熟期，企业发展的战略重点由粗放管理转向集约化管理，向精细化管理要经济效益、要企业竞争力。经济界提出了战略成本管理的概念，美国会计界两位著名的学者库珀和斯拉莫特认为："战略成本管理是企业运用一系列成本管理方法来同时达到降低成本和加强战略位置的目的。"而成本核算就是建筑企业战略成本管理的重要一环，建筑材料核算管理则是建筑企业成本核算的重要内容。

（3）加强建筑材料核算管理是节财降耗的保证。正确组织建筑材料核算管理，是管好、用好流动资金的重要环节。流动资金占用情况反映着企业生产经营状况。要改进企业管理工作，提高资金利用效果，就要减少流动资金的占用，使有限的资金更顺畅、高效地流动，以实现最大利润。在建筑企业里，储备资金在全部流动资金中往往占有较大的比重，管好用好流动资金起着更重要作用。加强资金管理的落脚点是建筑材料管理，在建筑材料的采购、保管和使用等各个环节上加强管理，实行严格核算，才能压缩库存材料的储备量，从而减少储备资金的占用，节约流动资金的使用。同时，材料费用也是产品成本的重要组成部分。在建筑企业，建筑材料费用在建筑总成本中能占到六成左右。在这种情况下，合理节约地使用材料对于降低产品成本有着举足轻重的作用。从成本的角度来说，随着各种科技新建材不断推出，人员工资费用和机械费用在总成本中所占的比重将会下降，而各种建筑材料物资消耗的费用，占总成本中比重将会提高。因此，加强建筑材料核算管理是建筑企业节财降耗的重要保证。

5.1.2 建筑材料核算管理的有效措施

1. 建立健全建筑材料核算管理制度

制度是一项工作能够顺利有序进行的重要保障。建立健全建筑材料核算管理制度，就是要根据国家关于建材采购和使用方面的相关规定，制定材料工作的计划、采购、保管、使用等办法、程序，用完善的规章制度促进核算管理工作更快、更有效地完成，使建筑材料核算管理工作实现规范化。要成立一个专门的材料采购管理部门，配备相应具有较高业务能力和良好道德操守的专职人员，负责材料核算管理各环节工作。要实行严格计量制度，做好材料核算管理工作的最基础工作，统一计量单位和标准。要建立起各环节档案制度，落实定期查档查账，保证核算的真实准确。

2. 做好建筑材料的环节管理

建筑材料环节管理就是要做好材料计划、采购、保管、使用环节的管理。

（1）把好材料计划关，根据施工生产对材料供应的要求及市场情况编制各类计划，及时准确掌握建材市场供求信息，做好建材市场的预测分析，掌握近段时期的供求变化和发展趋势，编制工程材料总计划、季度计划和月度计划，能够避免材料采购中的盲目性，有利于降低材料采购成本。

（2）把好材料采购关，随着现代物流的快速发展，建筑材料采购渠道也越来越广，采购环节就是要合理地确定采购时机，选择质优价低的材料保障工程需要，因此采购前要根据对市场的分析调研，编制供应商名册，采用公开招标的方法，按照采购计划和工程进度合理确定采购时间、品种、批次、数量等，要减少资金的占用，减少材料的囤积。

（3）把好材料保管关，工程所需的材料品种多、数量大，因此更要重视材料保管环节，对接收的材料品种、质量、数量要认真核查，防止劣质材料入场，按照材料保管要求和工程进度保障供应，并对材料收发做好各类登记和统计。

（4）把好材料使用关，根据任务量科学计算出所需建筑材料数量实行限额领料，按施工进度合理地发放材料，为增强各个施工班组节约意识，建立节超节余奖励机制，同时要对工程超用的材料进行认真的复核。

5.2　材料成本核算

5.2.1　成本的概念

建筑安装工程成本项目划分为人工费、材料费、机械使用费、其他直接费和间接费用，每项费用都有其特定内容，也都有与其他费用相关之处，熟悉这些，对成本核算非常重要，仅以人工费项目为例：人工费项目包括直接从事建安工程施工的工人的工资及自工地仓库运料至施工现场的运输工人工资等内容，但不包括材料采购人员、施工机械上人员及材料到达工地仓库以前的搬运、装卸工人工资等。

5.2.2　材料成本的组成

材料采购实际成本是材料在采购和保管过程中所发生的各项费用的总和。它是由材料原价、供销部门手续费、包装费、运杂费、采购保管费五方面因素构成的。在材料采购及保管过程中力求节约降低材料采购成本是材料采购核算的重要环节。材料实际价格计价是指对每一种材料的收发、结存数量都按其在采购或委托加工、自制过程中所发生的实际成本计算单价。先进先出法。是指同一种材料每批进货的实际成本如各不相同时按各批材料不同的数量及价格分别记入账册。

5.2.3　材料预算价格

材料预算价格是由地区建设主管部门颁布的以历史水平为基础并考虑当前和今后的变动因素预先编制的价格。材料预算价格是地区性的，根据本地区工程分布、投资数额、材料用量、材料来源地、运输方法等因素综合考虑，采用加权平均的计算方法确定。材料预算价格由下列五项费用组成：材料原价、供销部门手续费、包装费、运杂费、采购及保管费。

材料预算价格的计算公式为：

材料预算价格＝（材料原价＋供销部门手续费＋包装费＋运杂费）×（1＋采购及保管费率）－包装品回收值

5.2.4　材料成本的考核

1. 材料采购成本降低超耗额

材料采购成本降低（超耗）额＝材料采购预算成本－材料采购实际成本

式中材料采购预算成本为按预算价格事先计算的计划成本支出；材料采购实际成本是按实际价格事后计算的实际成本支出。

2. 材料采购成本降低超耗率

$$材料采购成本降低（超耗）率＝\frac{材料采购成本降低（超耗）额}{材料采购预算成本}×100\%$$

5.3 材料成本核算的内容和方法

5.3.1 材料采购的核算

材料采购核算，是以材料采购预算成本为基础，与实际采购成本相比较，核算其成本降低或超耗的程度。

1. 材料采购实际成本

材料采购实际成本是材料在采购和保管过程中发生的各项费用的总和。它由材料原价、供销部门手续费用、包装费、运杂费、采购保管费五方面因素构成。

材料价格通常按实际成本计算，具体方法有"先进先出法"和"加权平均法"两种。

（1）先进先出法：是指同一种材料每批进货的实际成本中各有相同时，按各批不同的数量分别记入账册。在发生领用时，以先购入的材料数量及价格先计价核算工程成本，按先后程序依此类推。

（2）加权平均法：是指同一种材料在发生不同实际成本时，按加权平均法求得平均单价，当下一批进货时，又以余额（数量及价格）与新购入的数量、价格作新的加权平均计算，得出平均价格。

2. 材料采购成本的考核

材料采购成本可以从实物量和价值两方面进行考核。单项品种的材料在考核材料采购成本时，可以从实物量形态考核其数量上的差异。企业实际进行采购成本考核，往往是分类或按品种综合考核价值上的"节"与"超"。

5.3.2 材料供应的核算

材料供应计划是组织材料供应的依据。它是根据施工生产进度计划、材料消耗定额等编制的。施工生产进度计划确定了一定时间内应完成的工程量，而材料供应量是根据工程按量、按时配套供应各种材料，是保证施工生产正常进行的基本条件之一。检查考核材料供应计划的执行情况，主要是检查材料的收入执行情况，它反映了材料对生产的保证程度。材料供应考核应从检查材料收入量是否充足、材料供应的及时性等两个方面入手。

1. 检查材料收入量是否充足

这是考核各种材料在某一时期内的收入总量是否完成了计划，检查从收入数量上是否满足了施工生产的需要。其计算公式为

$$材料供应计划完成率 = \frac{实际收入量}{计划收入量} \times 100\%$$

$$材料供应品种配套率 = \frac{实际满足供应的品种数}{计划供应品种数} \times 100\%$$

2. 材料供应的及时性

在检查考核材料收入总量计划的执行情况时，还会遇到收入总量的计划完成情况较好，但实际上施工现场却发生停工待料的现象。即收入总量充分，但供应时间不及时，也同样会影响施工生产的正常进行。分析考核材料供应及时性，要把时间、数量、平均每天需用量和

期初库存等资料联系起来考查。

5.3.3 材料储备的核算

为了防止材料的积压或不足，保证生产的需要，加速资金周转，企业必须经常检查材料储备定额的执行情况，分析是否超储或不足。

检查材料储备定额的执行情况，是将实际储备材料数量（金额）与储备定额数量（金额）相对比，当实际储备数量超过最高储备定额时，说明材料有超储积压；当实际储备数量低于最低储备定额时，说明企业材料储备不足，需要动用保险储备。

材料储备通常是企业材料储备管理水平的标志。反映物资储备周转的指标可分为二类。

1. 储备实物量的核算

实物量储备的核算是对实物周转速度的核算。核算材料对生产的保证天数及在规定期限内的周转次数和周转一次所需天数。其计算公式为：

$$材料储备对生产的保证天数 = \frac{期末库存量}{每日平均消耗材料量}$$

$$材料周转次数 = \frac{某种材料的年度耗用量}{平均库存量}$$

$$材料周转天数（即储备天数） = \frac{平均库存量 \times 日历天数（年）}{年度材料耗用量}$$

2. 储备价值量的核算价值形态的检查考核

把实物数量乘以材料单价，用货币作为综合单位进行综合计算，其好处是能将不同质、不同价格的各类材料进行最大限度地综合，它的计算方法除上述的有关周转速度方面（周转次、周转天数）均为适用外，还可以从百元产值占用材料储备资金情况及节约使用材料资金方面进行计算考核。其计算式为：

$$百元产值占用材料储备资金 = \frac{定额流动资金中材料储备资金平均数}{年度建筑企业总产值} \times 100$$

$$流动资金中材料资金节约使用额 = （计划周转天数 - 实际周转天数） \times \frac{年度耗用材料总额}{360}$$

5.3.4 材料消耗量的核算

（1）核算某项工程某种材料的定额与实际消耗情况核算某项工程某种材料的定额与实际消耗情况的计算公式如下：

$$某种材料节约（超耗）量 = 某种材料定额耗用量 - 该项材料实际耗用量$$

上式计算结果为正数，则表示节约；反之，计算结果为负数，则表示超耗。

$$某种材料节约（超耗）率 = \frac{材料节约（超耗）量}{材料定额耗用量} \times 100\%$$

（2）核算多项工程某种材料消耗情况。节约或超支的计算式同上，但某种材料的计划耗用量，即定额要求完成一定数量建筑安装工程所需消耗的材料数量的计算式应为：

$$某种材料定额耗用量 = \sum（材料消耗定额 \times 实际完成的工程量）$$

（3）核算一项工程使用多种材料的消耗情况。建筑材料有时由于使用价值不同，计量单位各异，不能直接相加进行考核。因此，需要利用材料价格作为同度量因素，用消耗量乘材料价格，然后加总对比。公式如下：

$$材料节约(+)或超支(-)额 = \sum 材料价格 \times (材料实耗量 - 材料定额消耗量)$$

（4）检查多项分项工程使用多种材料的消耗情况。此项考核可以检查以单位工程为单位的材料消耗情况，既可了解分部分项工程以及各单位材料定额的执行情况，又可综合分析全部工程项目耗用材料的效益情况。

5.3.5　周转材料的核算

周转材料是指在施工过程中能多次反复周转使用、并基本保持其物质形态或经过整理便可以保持或恢复实物形态的材料。周转材料的特点是可多次使用、逐渐转移其价值，包括包装物、低值易耗品，以及企业（建造承包商）的钢模板、木模板、脚手架、挡土板、安全网等。

（1）周转材料的费用收入。是以施工图为基础以概（预）算定额为标准随工程款结算而取得的资金收入。

在概算定额中，周转材料的取费标准是根据不同材质综合编制的。在施工生产中，无论实际使用何种材质，取费标准均不予调整。

模板工程分为基础、梁、墙、台、柱等不同部位，每一操作项目规定有不同的费用标准，以每立方米混凝土量为单位计取费用。在每项费用中均已包括了板、零件和钢支撑的费用。

（2）周转材料的费用支出。是根据施工工程的实际投入量计算的。在对周转材料实行租赁的企业，费用支出表现为实际支付的租赁费用；在不实行租赁制度的企业，费用支出表现为按照上级规定的摊销率所提取的摊销额。计算摊销额的基数为全部拥有量。

（3）周转材料的费用摊销。

1）一次摊销法：指一经使用，将其全部价值一次性地记入工程成本或有关费用的方法。它适用于与主件配套使用并独立计价的零配件等。

2）五五摊销法：指投入使用时，先将其价值的一半摊入工程成本，待报废后再将另一半价值摊入工程成本的摊销方法。它适用于价值偏高，不宜一次摊销的周转材料。

3）期限摊销法：根据使用期限和单价来确定摊销额度的摊销方法。它适用于价值较高、使用期限较长的周转材料的摊销方法。

各种周转材料的月摊销额计算公式：

$$某种周转材料的月摊销额 = \frac{该种周转材料的采购原价 - 预计残余价值}{该种周转材料预计使用年限 \times 12(月)}$$

各种周转材料月摊销率计算公式：

$$某种周转材料的月摊销率 = \frac{该种周转材料的月摊销额}{该种周转材料的采购价} \times 100\%$$

月度周转材料总摊销额计算公式：

$$月度周转材料的总摊销额 = \sum (周转材料的采购原价 \times 该种周转材料的摊销率)$$

5.3.6　工具的核算

1. 工具的费用收入与支出

在施工生产中，工具费的收入是按照框架结构、排架结构、升板结构、全装配结构等不同结构类型以及领使馆、旅游宾馆和大型公共建筑等，分不同檐高（20m 以上和 20m 以下）以每平方米建筑面积计取。一般情况下，生产工具费用约占工程直接费的 2%。

工具费的支出包括购置费、租赁费、摊销费、维修费以及个人工具的补贴费等项目。

2. 工具的账务处理

（1）财务账。

1）总账：以货币作为计量单位反映工具资金来源和资金占用的总体情况。资金来源是购置、加工制作、向租赁单位租用的工具价值总额。资金占用是企业在库和在用的全部工具价值余额。

2）明细分类账：是在总账之下按工具类别设置的账户。用于反映工具的摊销和余额状况。

3）二级明细分类账：是针对二级账户的核算内容和实际需要，按工具品种而分别设置的账户。

一般情况下，上述 3 种分类账要平行登记，做到各类费用的对口衔接。

（2）业务账。

1）总数量账：用以反映企业或单位的工具数量总规模。可以在一本账簿中分门别类地登记，也可以按工具的类别分设几个账簿进行登记。

2）新品账：也称在库账，用以反映已经投入使用的工具的数量。是总数量账的录属账。

3）旧品账：也称在用账，用以反映已经投入使用的工具的数量。是总数量账的录属账。

4）在用分户账：用以反映在用工具的动态和分布情况。是旧品账的录属账。某种工具在旧品账上的数量，应等于各在用分户账上的数量之和。

3. 工具费用的摊销

（1）一次摊销法：指工具一经使用其价值即全部转入工程成本，并通过工程款收入得到一次性补偿的核算方法。它适用于消耗性工具。

（2）"五五"摊销法：与周转材料核算的"五五"摊销方法相同。在工具投入使用后，先将其价值的一半分摊计入工程成本，在其报废时，再将另一半价值摊入工程成本，通过工程款收入分两次得到补偿。"五五"摊销法适用于价值较低的中小型易耗工具。

（3）期限摊销法：指按工具使用年限和单价确定每次摊销额度，分多期进行摊销。期限摊销法适用于固定资产性质的工具及价值较高的易耗工具。

本 章 练 习 题

1. 建筑材料核算的目的是什么？
2. 加强建筑材料核算管理的有效措施有哪些？
3. 材料采购实际成本由哪些因素构成？
4. 材料预算价格由哪些费用组成？

5. 材料价格通常按实际成本计算，具体方法有哪几种？

6. 反映物资储备周转的指标有哪几类？

7. 周转材料的费用摊销方法有哪几种？

8. 工具费的支出包括哪些项目？

建筑材料、设备的统计台账和资料整理

统计台账是根据企业管理需要而设置的一种系统积累统计资料的登记账册。对于施工企业来说，统计台账的指标设置既要满足统计报表所需的基本内容，又要结合施工行业自身特点和需求。材料、设备的统计台账作为施工管理工作的基础资料和信息来源，必须做到准确、及时、连续、完整、查询方便。

6.1 材料、设备的统计台账

建筑材料、设备的统计台账主要由主要材料收发存台账、周转材料台账、构配件收发存台账、机械使用费台账、设备总台账、各使用单位设备台账、商品混凝土专用台账、钢筋钢结构件门窗预埋件台账、甲方供料台账等构成，每日的材料消耗以数量单价、金额等显示出来，使施工项目管理者可以直观、及时地了解施工过程中人、材、机等的消耗情况，增强了施工项目成本管理的清晰度和透明度，便于有效实施施工项目成本的全面控制。

6.1.1 材料台账与统计

1. 常用材料台账用表（见表 6-1～表 6-25）

表 6-1：材料总需用量计划表

表 6-2：材料采购计划表

表 6-3：材料供方考察记录表

表 6-4：材料供方市场调查表

表 6-5：材料供方招（议）标申请表

表 6-6：材料供方询标记录表

表 6-7：总分类账

表 6-8：明细分类账

表 6-9：材料验收单

表 6-10：领料单

表 6-11：月份材料汇总表

表 6-12：物资调拨单

表 6-13：材料盘点汇总表

表 6-14：库存材料盘点明细表

表 6-15：月份材料收、支、存汇总表

表 6-16：月份材料支出汇总表

表 6-17：材料款支付台账

表 6-1　　　　　　　　　　　　　　　材料总需用量计划表

填报单位：　　　　　　　　　　　　　　　　　　　　　　　　　　　　　　　编号：

材料名称	规格型号	单位	需用量	预算单价或甲方确认价	建议单价	审定单价	金额	生产厂家	质量要求	需用时间	联系电话	备注

项目经理：　　　　　商务经理：　　　　　材料主管：　　　　　编制人：　　　　　日期：

表 6-2   材 料 采 购 计 划 表

填报单位：   编号：

材料 名称	规格 型号	单位	数量	预算单价或 甲方确认价	合同 单价	审定 单价	金额	生产 厂家	质量 要求	需用 时间	联系 电话	备注

项目经理：   商务经理：   材料主管：   编制人：   日期：

表 6 - 3　　　　　　　　　　　　　　**材料供方考察记录表**

编号：

供方名称		注册资金	
经营范围		法定代表人	
		负责人	
地　　址		邮政编码	
电　　话		传　　真	
是否取得 ISO 认证	认证机构名称	证书编号	
生产/供应能力			
质量保证能力			
服务能力			
以往与公司或其他单位合作情况			
业绩和信誉			
样品检验结果			
参与考察人员（签名）			
考察意见： 记录人：　　　　　　　　　　　　　　　　　　　　　　　　　日期：			

表6-4   材料供方市场调查表

编号:

	项目名称					
	拟购材料名称		规格	数量	备注	
1						
2						
3						
调查情况	供应商		供应单价	付款方式	供货时间	质量情况 / 备注
	联系人					
	电话					
	供应商		供应单价	付款方式	供货时间	质量情况 / 备注
	联系人					
	电话					
	供应商		供应单价	付款方式	供货时间	质量情况 / 备注
	联系人					
	电话					
推荐意见	项目经理部材料员					
	项目经理部					
	公司/分公司物资设备部					

表 6 - 5   材料供方招（议）标申请表

编号：

项目名称					
拟购材料名称	规格	数量	预算单价	金额	备注
1					
2					
...					
材料供方选择方式 （招标或议标）	方式： 议标理由：				
材料进场时间要求					
质量要求					
对供应商的要求					
其他情况					
公司物资设备部审核					
公司主管领导审批					

分公司主管领导：   商务合约部：   物资设备部：   项目经理：

表 6 - 6   **材料供方询标记录表**

项目名称：   编号：

供应商	拟购材料名称	规格	数量	开标情况		开标情况		备注
				开标单价	付款条件	开标单价	付款条件	
1								
2								
3								
项目经理部								
物资设备部								
商务合约部								
公司/分公司总经理或授权分管领导审批意见								

表 6 - 7　　　　　　　　　　　　　　总 分 类 账

日期	凭证号	摘要	借方	贷方	√	借或贷	余额

表6-8   明 细 分 类 账

类别

名称：　　　　　　计量：　　　　　　单位：　　　　　　规格：　　　　　　编号：

日期	凭证号	摘要	借方			贷方			余额		
			数量	单价	金额	数量	单价	金额	数量	单价	金额

表6-9　　　　　　　　　　×××××××建筑公司

材 料 验 收 单

供货单位：

收货单位：　　　　　　　收货日期：　年　月　日　　　　　编号：

材料类别	物质名称	等级	规格型号	单位	实收数量	单价	金额
	发票（提货单）号码			到达工地		合计	
备注：							

项目经理：　　　会计复核：　　　验收：　　　采购员：

表6-10　　　　　　　　　　×××××××建筑公司

领 料 单

工程名称：　　　　　　　　　年　月　日　　　　　　　编号：

材料类别	物质名称	规格型号	单位	数量	单价	金额
备注					合计	

项目经理：　　　　物资设备部：　　　　发料人：　　　　领料人：

表 6 - 11

×××××××建筑公司

月份材料_____汇总表

年　月　日　　　　　　字第　号

单据		原始单据张数	成本		备注
类别	摘要		实际	计划	
合计					

财务：　　　　　记账：　　　　　材料：　　　　　审核：　　　　　制表：

表 6 - 12

×××××××建筑公司

物 资 调 拨 单

调拨日期：　　年 月 日

调出单位：						调入单位：		
材料类别	物质名称	等级	规格型号	单位	数量	单价	金额	备注
开户账号						另收采保费/%		
合计金额（大写）：					合计金额（小写）：			

项目经理：　　　　　物资设备部：　　　　　发料人：　　　　　领料人：

表 6 - 13　　　　　　　　　　**材 料 盘 点 汇 总 表**

填报单位：　　　　　　　　填报日期：　　年　月　日　　　　　　　　　　金额（元）

序号	科　目	期初结存	收入	支出	实际盘存	账面余额	盘盈或盘亏
	一级科目	金额	金额	金额	金额	金额	金额
	有色金属						
	内装材料						
	木材						
	油料化工						
	电器五金						
	水卫材料						
	砖瓦						
	玻璃						
	工具、机具						
	劳保用品						
	其他						
	合计						

部门负责人：　　　　　材料主管：　　　　　监盘人（财务）：　　　　　制表人：

说明：盘亏以负数填列。

表6-14

库存材料盘点明细表

填报单位：
填报日期：

金额/元

序号	科目（一级科目）	科目（二级科目）	名称	规格型号	计量单位	期初结存 数量	期初结存 单价	期初结存 金额	收入 数量	收入 单价	收入 金额	支出 数量	支出 单价	支出 金额	实际盘存 数量	实际盘存 单价	实际盘存 金额	账面余额 数量	账面余额 单价	账面余额 金额	盘盈或盘亏（盘亏以负数反映）数量	盘盈或盘亏 单价	盘盈或盘亏 金额
	有色金属	钢材类																					
	有色金属	铝材类																					
	有色金属	塑钢型材类																					
	有色金属	装饰金属材料类																					
		小计																						
	内装材料	石材类																					
	内装材料	陶瓷制品类																					
	内装材料	地板材料类																					
	内装材料	装饰板材、卷材类																					
	内装材料	布料类																					
		小计																						
	木材	原木类																					
	木材	板材类																					
	木材	装饰线条类																					
	木材	木制品类																					
		小计																						
	油料化工	门窗、幕墙用胶类																					
	油料化工	胶结材料类																					
	油料化工	油漆涂料、燃料类																					
	油料化工	保温隔热材料类																					
	油料化工	防水材料类																					
		小计																						

续表

序号	科目		名称	规格型号	计量单位	期初结存			收入			支出			实际盘存			账面余额			盘盈或盘亏（盘亏以负数反映）		
	一级科目	二级科目				数量	单价	金额	数量	单价	金额	数量	单价	金额	数量	单价	金额	数量	单价	金额	数量	单价	金额
	电器五金	门窗、配件类																					
	电器五金	螺栓类																					
	电器五金	钉、弹类																					
	电器五金	电器类																					
	电器五金	灯具类																					
	电器五金	其他类																					
		小　计																					
	水卫材料	给排水、管材类																					
	水卫材料	洁具及配件类																					
	水卫材料	其他类																					
		小　计																					
	砖瓦	砖瓦																					
		小　计																					
	玻璃	玻璃																					
		小　计																					
	工具、机具	工具、机具																					
		小　计																					
	劳保用品	劳保用品																					
		小　计																					
	其他	其他																					
		小　计																					
	合　计																						

填表说明：

一、此报表数据必须真实准确。

二、此报表时间为每月的25日之前上报。

三、此表可以插入行，以满足要求。

部门负责人：　　　　材料主管：　　　　监盘人（财务）：　　　　制表人：

表 6-15　　　　　　　　　　月份材料收、支、存汇总表

科目		上月结存		业主自供		分公司(项目)采购		公司采购		内部调拨		本月消耗		本月结存	
一级科目	二级科目	数量	金额	数量	金额	数量	金额	数量	金额	数量	金额	数量	金额	数量	金额
有色金属	钢材类														
	铝材类														
	塑钢型材类														
	装饰金属材料类														
	小计														
内装材料	石材类														
	陶瓷制品类														
	地板材料类														
	装饰板材卷料类														
	布料类														
	小计														
木材	原木类														
	板材类														
	装饰线条类														
	木制品类														
	小计														
油料化工	门窗、幕墙用胶类														
	胶结材料类														
	油漆涂料、染料类														
	保温隔热材料类														
	防水材料类														
	小计														

续表

科目		上月结存		业主自供		分公司 (项目)采购		公司采购		内部调拨		本月消耗		本月结存	
一级科目	二级科目	数量	金额	数量	金额	数量	金额	数量	金额	数量	金额	数量	金额	数量	金额
电器五金	门窗、配件类														
	螺栓类														
	钉、弹类														
	电气类														
	灯具类														
	其他类														
	小计														
水卫材料	给排水、管材类														
	洁具及配件类														
	其他类														
	小计														
砖瓦															
玻璃															
工具、机具															
劳保用品															
其他															
合计															

部门负责人：　　　　　材料主管：　　　　　财务：　　　　　制表人：

表 6 - 16　　　　　　　　　　　月份材料支出汇总表

一级科目	二级科目	项目	项目	项目	项目	项目	项目	合计
有色金属	钢材类							
	铝材类							
	塑钢型材类							
	装饰金属材料类							
小计								
内装材料	石材类							
	陶瓷制品类							
	地板材料类							
	装饰板材卷料类							
	布料类							
小计								
木材	原木类							
	板材类							
	装饰线条类							
	木制品类							
小计								
油料化工	门窗、幕墙用胶类							
	胶结材料类							
	油漆涂料、染料类							
	保温隔热材料类							
	防水材料类							
小计								

续表

一级科目	二级科目	项目	项目	项目	项目	项目	项目	合计
电器五金	门窗、配件类							
	螺栓类							
	钉、弹类							
	电器类							
	灯具类							
	其他类							
	小计							
水卫材料	给排水、管材类							
	洁具及配件类							
	其他类							
	小计							
	砖瓦							
	玻璃							
	工具、机具							
	劳保用品							
	其他							

部门负责人：　　　　　材料主管：　　　　　　财务：　　　　　　制表人：

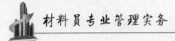

表 6 - 17 ＿＿＿＿＿年＿＿＿＿＿月材料款支付台账

项目名称：　　　　　　　　　　　　　　　　　　　　　　　　　　　　　　　　第　页

供方名称	供应货名	合同总价	合同付款比例	本期供应金额	累计供应金额	本期支付金额	累计支付金额	本期余额	累计余额	累计支付比例	备注

项目经理：　　　　　　　　　商务经理：　　　　　　　　　采购员：

表 6 - 18　　　　　　　　　　　　_____年_____月材料对账单

供货单位：　　　　　　　　　　　　　　　　　　　　　　　　　对账时间：

收货单位：　　　　　　　　　　　　　　　　　　　　　　　　　工程名称：

日期	项目名称	第一次对账应付/元	第二次对账应付/元	第三次对账应付/元	第四次对账应付/元	应付合计/元	累计已付/元	累计欠付/元
	合 计							

项目经理：　　　　财务主管：　　　　材料主管签字：　　　　料账员签字：　　　　库管员：

供应商：

表6-19　　　　　　　　　年　　　　　月周转材料情况表

项目名称：

材料名称	规格型号	单位	数量	单价	进场时间	退场时间	费用	备注

项目经理：　　　　　　　商务经理：　　　　　　　采购员：

表 6 - 20　　　　　　　　　　　　材 料 损 耗 汇 总 表

材料名称	规格	数量	单位	金额	备注

制表人（仓库保管员）：　　　　财务：　　　　物资设备部：　　　　单位负责人：

注：对于盘盈盘亏情况要加以说明原因，盘盈的单价按市场价计算，盘亏的单价按账面计算。

表 6 - 21   材料报损（废）申请表

材料名称	规格	数量	单位	金额	备注
分公司审批	物资设备部：				
	财务部：				
	分管领导：				
公司领导审批	物资设备部：				
	会计师：				

制表人（仓库保管员）：   财务：   物资设备部：   单位负责人：

表 6 - 22   **材料供方考核评价表**

编号：

名称		地点		联系人	
资质情况		主要材料		电话	
申请采购材料					
材料质量情况：					
企业信誉情况：					
售后服务包括运输情况：					
供货能力：					
样品试验结果（附试验报告单）：					
评价部门：					
评价小组审批意见　　　　　　　　　　　　　　　　　　　　　　　年　　月　　日					
公司/分公司经理：　　　　　　　　　　　　　　　　　　　　　　年　　月　　日					

表 6 - 23   合格材料供方明细表

供方名称		地　点		联系人	
资质情况		主供材料		电　话	

服务工程	
供货能力	
材料质量回馈	
售后服务	
企业信誉 （含履行合同过程情况）	
评价部门	
主管领导	
公司总经理	
制表日期	

表 6 - 24   合 格 材 料 供 方 名 录

序号	工程供方名称	专业	地址	邮政编码	负责人	联系电话	入册日期	考察表编号	考核表编号	明细表编号	评定等级	资质等级	备注
1													
2													
3													
4													
5													
6													
7													
8													
9													
10													
11													
12													

表 6 - 25   材 料 分 类 明 细 表

类别	序列	主 要 材 料
主要材料	钢材	1. 预应力混凝土钢筋：冷拔丝、碳素钢丝、刻痕钢丝、钢绞线（5mm 以下）
		2. 线材：5.5～9mm
		3. 圆钢：10～37mm
		4. 螺纹钢：10～50mm
		5. 小型型钢：圆钢（10～37mm）、方钢、扁钢（小于 59mm）、等边角钢（20～49mm）、不等边角钢［(20～39)m×(30～59)mm]、工字钢、六角钢、八角钢
		6. 中型型钢：圆钢（38～79mm）、方钢、扁钢（60～99mm）、槽钢（50～149mm）、角钢、工字钢、六角钢、等边角钢（50～149mm）、不等边角钢［(40～99)mm×(60～149)mm 以上]
		7. 大型型钢：圆钢（≥80mm）、方钢、扁钢（≥100mm）、等边角钢（≥150mm）、不等边角钢（≥100mm×150mm）、槽钢（≥180mm）、工字钢、H 型钢
		8. 带钢
		9. 薄钢板：镀锌薄板、黑铁皮、≤4mm 的普通钢板、花纹钢板、优质钢板
		10. 中厚钢板：厚度≤50mm 的普通钢板、优质钢板
		11. 特厚钢板：厚度≥50mm 的普通钢板、优质钢板
		12. 优质型材：各种优质碳素钢、碳素工具钢、合金结构钢、合金工具钢、高速工具钢、弹簧钢、不锈钢
		13. 管材：①无缝管：一般无缝管、锅炉无缝管、高压无缝管；②焊接钢管：冷拔焊接管、优质焊接管、镀锌焊管、异型焊管、螺旋管、方管
		14. 重轨：每米重量大于 24kg 的钢轨、起重机钢轨
		15. 轻轨：每米重量小于等于 24kg 的钢轨
		16. 其他钢材：重轨用鱼尾板、垫板、车轴坯等配件、轻轨用配件
	有色金属	17. 重金属：铜板、铜棒、铜管、电解铜、铅板、电解铅、铅管、铅棒、锌板、锌棒锌丝、锌管、电解锌、锡、电解锡、铜合金、铝合金管、铝管
		18. 轻金属：铝板、铝带、铝锭、铝合金板、铝型材等
	金属制品	19. 钢丝绳、钢绞线、镀锌钢绞线、彩钢板、涂塑钢丝绳
	水泥	20. 普通水泥：32.5 级、42.5 级、52.5 级、普通硅酸盐水泥、火山灰质、矿渣硅酸盐水泥
		21. 快硬高强水泥、快硬硅酸盐水泥、矾土水泥
		22. 耐侵蚀水泥：抗硫酸盐水泥、水玻璃型耐酸水泥
		23. 膨胀水泥：硅酸盐膨胀水泥、石膏矾土膨胀水泥、二次灌浆料
		24. 彩色水泥：白水泥

类别	序列	主要材料
主要材料	木材	25. 原木
		26. 锯材：薄板、中板、厚板、小方、中方、大方
		27. 枕木（道木）
		28. 电杆木、檩条、椽材
		29. 人造板材：胶合板、硬质纤维板、刨花板、细木工板、木丝板、镜面板、竹胶板、镜面竹胶板
	砖	30. 机红砖、多孔砖、空心砖、粉煤灰砖
		31. 加气混凝土砌块
	砂	32. 洗砂、筛砂（中砂）、毛砂、绿豆砂、粗砂
	石	33. 砾石、碎石、毛石、彩色石、白云石
	瓦	34. 黏土瓦、石棉水泥瓦、玻璃钢波形瓦、琉璃瓦、水泥瓦
	灰	35. 生石灰（块灰）熟石灰、水化石灰、消石灰、石灰浆、石灰膏、双灰粉、粉煤灰
	防水材料	36. 胶料、石油沥青、煤焦油、煤沥青（道路沥青）、乳化沥青、冷底子油、玛蹄脂
		37. 防水卷材：石油沥青油毡、煤沥青油毡、沥青玻璃布油毡、苯乙烯 SBS、聚氨酯防水卷材、氯化聚乙烯防水卷材
		38. 塑料布、金属止水带、微膨胀止水橡胶、橡胶止水带等
		39. 防水涂料：沥青防水涂料、氯乙烯防水涂料
		40. 防水油膏：聚氯乙烯胶泥、嵌缝沥青油膏、建筑防水油膏
		41. 防水剂：防水粉、硅酸钠防水剂、环氧树脂防水补漏材料
		42. 建筑塑料：有机玻璃、聚乙烯、聚四氟乙烯、聚甲醛塑料、聚氯乙烯
	耐火材料	43. 耐火砖：高铝质耐火砖、硅质耐火砖、黏土质耐火砖
		44. 耐火混凝土：水硬性、火硬性、气硬性耐火混凝土、泡沫混凝土
		45. 耐火泥：黏土质耐火泥、高铝质耐火泥、硅质耐火泥
		46. 硅藻土材料：硅藻土耐火保温砖、板、管，硅藻土粉，石棉及其制品
	耐腐材料	47. 水玻璃耐酸材料、硫磺类耐腐材料、耐酸陶瓷质品、铸石制品、耐酸腐瓷砖、耐酸砖、耐酸胶泥、耐酸釉面砖、耐酸涂料、耐酸塑料、耐酸腐天然石料
	保温吸音材料	48. 玻璃棉制品、玻璃丝布、玻璃纤维类、泡沫塑料、聚苯、氯乙烯泡沫塑料、聚氨酯泡沫塑料、软木制品、软木砖、软木管、软木纸、矿渣棉、矿渣棉板、矿渣棉管壳、毛毡、轻质橡塑保温板、泡沫聚苯塑料板、泡沫玻璃、炉渣等
		49. 蛭石制品：蛭石板、蛭石粉
		50. 珍珠岩制品：珍珠岩板、珍珠岩粉
		51. 矿渣棉制品：沥青矿渣棉毡、酚醛树脂矿棉板
		52. 石棉制品：石棉纸、板、布、粉、绒、绳

类别	序列	主 要 材 料
主要材料	建筑玻璃	53. 普通玻璃：平板玻璃、压花玻璃、浮法玻璃、磨砂玻璃
		54. 特种玻璃：防暴玻璃、加丝玻璃、中空玻璃、加层玻璃、电热玻璃
		55. 玻璃砖：玻璃马赛克、有机玻璃
	建筑五金	56. 门窗配件：普通弹子门锁、保险门锁、拉手及执手、普通合页、抽芯合页、翻窗合页、自动闭门器、铁插销、翻窗插销、门扣、闭门器、地弹簧、门顶弹簧、门底弹簧、脚踏门制、弓形拉手、地板拉手、方形拉手、管子拉手、铁挂锁、抽屉锁、球形门锁、执手锁、门窗滑轮等
		57. 钢钉：圆钉、扁头钉、射钉、瓦楞钉、石棉瓦钉、水泥钉、骑马钉、铝铆钉、异形钉
		58. 木螺钉：沉头木螺钉、半沉头木螺钉、半圆头木螺钉、十字木螺钉、一字木螺钉、自攻螺钉、开口肖等
		59. 螺栓：六角头螺栓、内六角头螺丝、双头螺栓、地角螺栓、平机螺栓、元机螺栓、膨胀螺栓、元宝螺栓、六角螺母、小六角头螺母、方螺母、T型螺栓等
		60. 垫圈：光垫圈、毛垫圈、弹簧垫圈、羊毛毡垫圈、瓦楞垫圈
		61. 花篮螺丝：索具螺旋扣、平开式花篮螺丝、团式花篮螺丝、卸甲、卡环
		62. 羊眼：羊眼圈、螺丝鼻
		63. 窗钩：风钩、防风钩
		64. 灯钩：挂钩、螺丝钩
		65. 锁扣：箱扣、扣吊、锁牌、了扣、门搭扣
		66. 碰珠：碰珠、弹弓珠
		67. 窗帘轨：铜、铝质轨道滑轮，窗帘紧线、窗帘环
		68. 三角铁：T型铁角、L型铁角
		69. 链条：锁链
		70. 金属网及板网：钢、铜、铁丝网、铁、铝板网、铁窗纱、塑料窗纱等
		71. 钢丝、铁丝：刺铁丝、低碳钢丝、铁丝、铅丝、镀锌铁丝、黑铁丝
	装饰材料	72. 壁纸壁布
		73. 顶棚、墙体材料：轻钢龙骨、铝合金龙骨、木龙骨、塑料龙骨、石膏龙骨、各种石膏装饰制品、各种金属、非金属装饰板等
		74. 内外墙砖：全瓷墙、半瓷墙、地砖、陶瓷锦砖、釉面砖、马赛克、花岗石、大理石、塑料贴面转、园林砖、人造大理石、水磨石制品、塑料地板、活动地板、木地板、装饰石材、地板砖、预制水磨石地板、地板革、地毯等

类别	序列	主 要 材 料
主要材料	油漆化工	75. 建筑油漆：各种调合漆、各色树脂漆、各色厚漆、各色磁漆、清漆、清油、底油、油灰、聚酯漆、油脂漆、地板漆、防锈漆、防腐漆、耐酸漆、耐碱漆、绝缘漆、黑板漆、内光漆、生漆、沥青漆、无极防火漆、酚醛防火漆、虫胶漆（漆片）、石花菜、稀释剂、防潮剂、催干剂、脱漆剂、固化剂、松香水等
		76. 涂料：106 涂料、803 涂料、多彩内外墙涂料、外墙涂料、104 涂料、防瓷、防霉、防潮、防腐涂料、耐腐蚀涂料、合成树脂乳液砂壁状建筑涂料、石蜡防腐涂料、防火涂料、聚氨酯防水涂料、外墙喷涂等涂料、各色内外墙乳胶漆、广告漆、颜料等
		77. 化工产品：石钠、环氧树脂、松焦油、苯、盐酸、氯化铁、碳酸钠、氧化镁、环氧树脂、聚氨酯、有机硅、聚苯并咪唑、酚醛树脂、间苯二酚 107 胶、502 胶、801 胶、水玻璃、硫磺、盐酸、纯碱、亚硝酸钠、氯化钙（盐）、甲醛、聚乙烯醇、三乙醇胺、乙二胺、甲苯、二丁酯、丙酮、石膏粉、大白粉、纤维素、可赛银、钛白粉、立德粉、红丹粉、红土粉、黑烟粉、地板蜡、氧化铬绿、氧化铬黄、氧化铁红、银浆粉、石蜡、上光蜡、汽车蜡、松香、酒精、甘油、硼砂、硬脂酸等
		78. 混凝土添加剂：各种早强剂、防腐阻锈剂、速凝剂、防冻剂、膨胀剂、泵送剂、减水剂等
		79. 橡胶制品：橡胶板、管、普通 A、B、C 三角带、传送带、活络三角带、门窗密封橡胶条、橡胶垫板及垫片、橡胶圈、水暖橡胶垫、橡胶管、止水橡胶、乳胶海绵板、橡胶轮胎等
		80. 各种塑料板、管、扶手、线条、分割条、门芯隔断板、挂镜线、踢脚板
	水电卫材料	81. 水料：水龙头、热水咀、脚踏开关、面盆下水口、莲蓬头、水箱配件、浮球阀、地漏、存水湾、水箱进水阀、长颈水嘴、截止阀、闸阀、旋塞、止回阀、安全阀、减压阀、截止阀、蝶阀、球阀、调节阀、节流阀、疏水阀、旋塞阀、真空阀、隔膜阀、排污阀、黑白弯头、三通、四通、堵头、内螺丝、外螺丝、大小头、由任、补心、水表、疏水器等
		82. 上下水管件：各种法兰、高低压法兰盖、无缝弯头、偏心大小头、焊接铜心、三通、不锈钢螺纹管件、视镜、阻火镜、过滤器、焊接式凸面补偿器、铸铁给水管件、玛钢管件、铜管件、非金属管件、焊接弯头、压制弯头、无缝同心、PPR 管、阀及配件等
		83. 卫生洁具：浴缸、坐便器、蹲便器、小便器、脸盆、水池、水箱等卫生器具、卫生器具配件、其他给水器材等
		84. 铸铁管：铸铁直管、铸铁管件、钢制井管、铸铁井管、混凝土井管、石棉水泥管等
		85. 采暖设备：散热器、散热器配件等
		86. 电料：电工仪表、闸刀开关、互感器、熔断器、马路弯灯、灯罩、熔丝开关及吊线盒、插头及插座、日光灯附件、灯头、绝缘带、绝缘胶带、黑胶布、生料带、电线套管、垫木及槽板、路灯、壁灯、吸顶灯、吊灯、花饰吊灯、一般吊灯、工厂灯、艺术吊灯、防爆灯、探照灯、投光灯、荧光灯、镝灯、灯泡、碘钨灯、架、钢芯铝绞线、铜芯线、铝芯线、硬铝母线（LMY）、硬铜母线（TMY）、花线、胶质线、瓷绝缘子、瓷夹板、瓷管整流器、高压开关、高压显示装置、电流互感器、高压熔断器、高低压开关柜、动力配电箱、电表箱、交流接触动器、低压开关、主令开关、插座、熔断器、电视共用天线器材、接线盒、电缆附件、接线端子、电度表电磁及穿墙套管、PVC 管、PVC 胶、黄蜡管、配电柜、电箱、手提电箱铝线鼻、铜线鼻、闭口铜鼻子、开口铜鼻子、铝排接线管、铜排接线管、按钮开关、交流接触器、倒顺开关、绝缘子、尼龙扎带、塑料线卡、瓜子链、吊灯链、漏电保护器等

类别	序列	主 要 材 料
主要材料	水电卫材料	87. 橡皮绝缘电线、橡套软线、麻皮线、电缆线、漆包线、电焊软线、电缆线、钢带电缆线、轴承等
		88. 电焊条：结构钢焊条、铸铁电焊条、铜铝合金焊条
		89. 电渣焊焊丝：碳素钢焊丝、合金钢焊丝、不锈钢焊丝
		90. 有色金属焊丝：铜、铝合金焊丝
		91. 钎焊料：铜、铝钎料，锡铅焊料，铝钎焊熔济
		92. 气焊粉：铝焊粉、铸铁焊粉
结构件	混凝土构件	93. 各种混凝土预制品
	金属结构件	94. 连接件、埋件、钢屋架、钢支撑
	木制品	95. 木制门窗、暖气罩、柜、隔断
	门窗	96. 各种钢门窗、防盗门、各种铝合金门窗、柜台隔断等、塑钢门窗
周转材料	模板	97. 固定型组合钢模板、角模、异型钢模板、筒子模、回形肖
	脚手架	98. 脚手板、扣件、蝴蝶卡、钩头螺丝、顶撑、碗扣、底座、竹木脚手板、竹钢脚手板、木脚手板
	围护材料	99. 竹芭、各种安全网、密目网
	其他	100. 对拉螺杆、步步紧、砖底板、吊笼、混凝土吊斗、砂浆吊桶
其他辅助材料	消防器材	101. 灭火机、消防栓、灭水剂、消防水龙带、消防斧、消防桶等消防配件
	油燃料	102. 润滑油、汽油、机油、柴油、煤油、废机油、液压油、块煤、焦炭、煤制品、乙炔、氧气等
低值易耗品	杂项	103. 杂品：腊线、砂纸、铁砂布、木砂布、金刚砂、金刚石磨、回丝、席、箔、麻刀、草袋、纸筋、玻璃纤维布、草制品及布制品、金刚石及油石、棉线绳、草绳、墨汁、透明胶带、双面胶带、麻袋片、电池、万用表电池、塑料保护帽、塑料垫块、帐篷、帆布、警戒绳、对焊机铜块、密封片、彩条布、蛇皮袋、塑料薄膜、青壳纸、牛皮纸、黄蜡纸、补胎胶水、麻绳、棕绳、尼龙绳、喷枪管
		104. 印刷品：收、发料单、报表、账页
		105. 研磨类：斜口砂轮、元砂轮、石材切割片、管子割刀片、钢丝轮、钢丝刷、磨光片砂轮磨光片、砂轮切割片、三角水磨石、长方水磨石、其他磨石、刀砖、氧化铝磨砂
	用具	106. 冲眼、套丝、切割类：钢钻头、圆锯片、扁钢钻、锥钻、冲击钻头、电锤钻头、打眼车钻头、打眼车钻壳、螺丝攻、圆板牙、方板牙、管子板牙空心冲、割嘴、焊嘴、钢锯条、木工锯条、钢丝锯条、机用锯条、带锯条、断线钳刀片、切割机刀片
		107. 其他用具：榔头柄、铁锨柄、洋镐柄、白蜡杆、竹扫帚、高粱扫帚、簸箕、温度计、比重计测温计、打气筒、石笔、粉笔、毛笔、蜡笔、画笔、排笔、铅笔、红蓝铅笔、剪刀、墨斗、拖把、手电筒、充电手电筒、手提灯、油漆刷、滚筒刷元马刷、羊角刷、排笔棕刷、硬木方尺、放大镜

类别	序列	主 要 材 料
低值易耗品	工具	108. 锹、镐、锤类：小方锹、中方锹、元锹、煤锹、钻探锹（洛阳铲）、羊镐、奶子榔头、起钉榔头、八角榔头、白铁榔头、橡皮榔头
		109. 刃、量、衡器：木工刨、刨铁、盖铁、木工斧、板锯、弓形摇钻架、泥刀、泥铁板、阴阳角、玻璃刀、三角刮刀、活络绞刀、电工刀、油灰刀、外径千分尺、钢卷尺、皮尺、游标卡尺、铸铁水平尺、铝水平尺、木水平尺、钢直尺、钢角尺、丁字尺、宽度角尺、圆规、塞尺、牙规、氧气表、乙炔表、万用表、绝缘摇表、钳形表、电笔、台秤、地磅
		110. 板、钳、锯类：活络扳手、双头呆扳手、单头呆扳手、梅花扳手、板牙扳手、内六角扳手、套筒扳手、螺丝攻扳手、钢丝钳、尖嘴钳、剥线钳、紧线钳、斜口钳、弯嘴钳、鲤鱼钳、手虎钳、台虎钳、一字螺丝刀、十字螺丝刀、自攻螺丝刀、电焊钳、断线钳、台虎钳、压线钳、管子钳、木工锯、龙门轧头等
		111. 锉、钻类：平板锉、半圆锉、元锉、三角锉、什锦锉、方锉、木锉、油光锉、长柄木钻、短柄木钻、摇钻头
		112. 起重、电动工具：千斤顶、倒链、单、双、三、四门铁葫芦、钢丝轧头、卸甲、手提式电钻、手枪钻、冲击电钻、石材切割机、型钢切割机、射钉枪、水磨石机、小型潜水泵、喷雾器、小型空压机、鼓风机、电焊机、角向磨光机、套丝机、震动电机、振动棒、平板震动机、电锤、电扇、取暖器、各式电炉等
		113. 盛、器：大油桶、涂料桶、油漆小桶、塑料提桶、漏斗莲蓬头、水勺、水壶、小泥桶、积灰斗、铁拌板、水箱、沥青壶、沥青锅、长嘴油壶、高压油泵、抽油器、油盘、牛油枪、橡皮管、高压皮管等
		114. 其他工具：电工小皮带、钳子套、脚扣、脚扣小皮带、电工用三角板、帆布工具袋、木工工具带、各种筛片、木扶梯、铝合金人字梯、竹梯等；木抄板、托线板、刮尺、木蟹、引条、嵌线条、橡皮刮板等木工用具；钢锯、钢撬棒、斩斧、铁铲、竹工扦、钢筋钩子、钢筋板子等铁制品、氧气割枪、氧气焊枪、喷灯、线坠、磁力线坠、喷漆枪、丝锥、回火器、架子车、灰斗车、橡皮水管、蛇皮管、水平管、氧气管、乙炔管
超储积压物资	劳保防护	115. 防护用品：白沙手套、帆布手套、耐酸手套、电焊皮手套、棉绒手套、皮手套、尼龙手套、口罩、毛巾、肥皂、鞋盖、草帽、安全帽、安全带、平光眼镜、太阳眼镜、风镜、电焊面罩、电焊白玻璃、电焊黑玻璃
		116. 劳保用品：工作服、棉长大衣、棉短大衣、棉衣、防寒服、防寒帽、雨衣、高帮绝缘鞋、高帮球鞋、棉胶鞋、棉皮鞋、轻便雨鞋、半筒雨靴、长筒雨靴

2. 材料台账统计要求

（1）项目经理部料账员必须严格按照《材料分类明细表》对材料进行分类，及时准确地记载收、发、调拨等单据的登记，做到日清月结。

材料明细账应记录项目所有材料的收、支、存详细动态情况（内容包括材料名称、规格型号、分供商名称、计量单位、价格、数量、金额）。记录应及时、清楚、完整、账、物、卡相符。该账反映各项目材料收支存情况，作为各项目材料成本管理依据。

（2）材料验收合格后，由仓库保管员负责办理入库手续，填写《物资验收凭证》，相关人员签字，交料账员复核填制《月份材料汇总表》，交财务审核入账并建立入库台账。《物资验收凭证》一式三联，第一联仓库存；第二联记账联（作为记账凭证）；第三联财务联（采购员报销）。

（3）材料验收单，调拨单、出库单都必须有项目经理签字才能生效。

（4）暂估入账的材料，待发票收到经财务审核后红字冲回原记录，再登记正确金额。

（5）料账员应准确无误地凭单据汇总，字迹清晰、工整、账簿和账页保持清洁，不得任意涂改数字和描绘数字，需更正处按规定要求更改（先用红笔划"＝"后再填正确数字，并在更正处加盖私章）。账册内数字不得随意调整，调整时按规定用单据凭证进行调整。账册和单据都应装订成册，妥善保管，不得丢失。

（6）项目经理部必须每月 24 日前将当月《月份材料支出汇总表》、《月份材料收、支、存汇总表》、《库存材料盘点明细表》报公司/分公司物资设备部，表格填制必须填写清晰、数据准确。

（7）项目经理部应在每月 24 日前进行一次盘点，编制《月份库存材料盘点明细表》，检查账物是否一致。年终材料盘点表必须按时上报公司/分公司物资设备部，材料盘点表必须填写清晰、数据准确。同时对材料盘点出现盈亏情况做出书面说明。

（8）各种报表一式二份，经相关人员及主管领导签字后上报公司/分公司物资设备部。

（9）公司/分公司物资设备部对各种材料原始资料（包括签收小票）、收料单、对账单、材料凭证（验收单、出库单）、收支存汇总表、材料消耗汇总表、材料盘点明细表、各类材料报表等月末进行装订并按规定存档，每个项目完工两个月内，将所有资料交公司/分公司物资设备部统一保管，以上资料保存年限为 15 年。

（10）公司物资设备部材料管理人员应经常深入基层，加强调查研究，认真整理材料统计资料，分析统计数字，经常向领导反映统计工作中发现的问题。

3. 材料进场验收分类登记台账编号规则

材料进场验收分类登记台账编号由 10 位阿拉伯数字组成，具体格式如下：

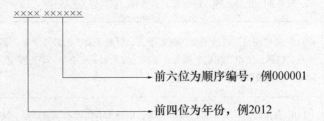

例：某工程 2012 年 12 月 10 日进场一批防水卷材，该批材料按照顺序是 2012 年进场的第 123 批材料，材料进场验收分类登记台账编号应为 2012000123。

6.1.2 设备台账与统计

1. 常用设备台账（见表 6-26～表 6-29）

表 6-26 　　　　　　　　　　　施工机械设备交接验收清单（进场）

工程名称：　　　　　　　　　　　　　　　　　　　　　　　　　编号：2002-002

设备名称	塔式起重机	型号规格	QTZ80G
制造厂家	张家港波坦建机公司	数量（台）	1
送交单位	公司机施处	接收单位	×××项目部

交接内容	QTZ80G 塔式起重机一台（臂长 50m，标准节 20 节）。 QTZ80G 塔式起重机使用说明书一本。 随机工具一套。 随机驾驶员二人。 安装资料一套
试运转情况及检查情况	1. 该塔机零部件齐全。 2. 现场检验钢结构无变形。 3. 现场安装后经检验各项技术参数符合使用要求，试运转正常。 4. 安装资料齐全。 5. 经当地劳动技术监督部门检验合格
交付单位意见	同意交付使用。 交付人：（设备主管签字）　　　　　　　　　　　　2002 年 3 月 15 日
接收单位意见	同意接收。 接收人：（机管员签字）　　　　　　　　　　　　　2002 年 3 月 15 日

注：向项目部交接按上表格式填写。向操作人员交接表中交付人则由机管员签字，接收人则由操作工签字。

表 6-27

设备名称：拖式混凝土泵

施工机械设备登记卡

设备规格：HBT60

编号：2002-003

设备	厂牌	楚天	号码	895	动力	厂牌	江特	功率	110kW	燃料	/	数量	/
	型号	HBT60	能力			型式	Y315S-2	缸径	/	转数	/		
	国别	中国	年份	1996.9.28		号码	254	行程	/	始动方法	/	规格	/

主要技术规格：

型式：水平单动双列液压活塞式。

排出量：16～58m³/h。

输送距离：

150mm 管： 水平 920m，垂直 130m。

125mm 管： 水平 620m，垂直 115m。

100mm 管： 水平 350m，垂直 90m。

最大骨料尺寸：

150mm 管：50mm。

125mm 管：40mm。

100mm 管：30mm。

混凝土坍落度：50～230mm。

缸径×行程：φ195mm×1400mm。

管道清洗水压：排量：

4.8（MPa）/125（L/min）。

8. 主动力系统功率：

55＋160＋40＝255kW。

付动力系统功率：

4＋18＋1.1＝23.1kW。

10. 液压油箱容积：370L。

附属设备	名称	厂型	规格		数量	

其他	总重	5540kg
	长×宽×高	6530×2075×1988mm³
	原值	/
	来源	租用
	耐用年限	

替换设备	轮胎规格数量	GB 2982—1982　2 只
	钢丝绳规格及数量	
	电瓶规格及数量	24V 电瓶一只

续表

大（中）修记录 / 改装记录

年份	年计运转台时（公里）	修理前台时	送修日期	修理级别	竣工日期	承修单位	主修人	日期	修理主要内容	备注
2000.5	5000h	5000h	5.15	三级	6.14	机施处				

机长变更记录

变更单位	变更日期	原机长	级别	变更日期	新机长
租用单位	1999.8.24	×××		1999.8.24	×××

事故记录

事故情况	日期	事故情况	处理结果

填卡：

129

表 6 - 28
项目名称：×××

施工机械设备台账

类别：

编号：2002 - 004

序号	统一编号	设备名称	型号规格	制造厂	出厂日期	出厂编号	设备来源	调入日期	调出日期	原值（元）
		起重机械								
1	321088	塔式起重机	QTZ5012	安徽建筑机械厂	1995.6	186	租赁	2000.12.7		
2	0001	施工升降机	JMS100	肖山华轻机械厂	2000.2	053	自购	2000.12.5		42000
3	0002	施工升降机	JMS100	肖山华轻机械厂	2000.2	054	自购	2000.12.5		42000
		混凝土机械								
1	521001	搅拌机	JS500	山东建筑机械厂	1996.5	108	租赁	2000.12.5		
2	10101	搅拌机	JZC750	浙江海宁建筑机械厂	2000.12	219	自购	2000.12.18		44500
3	501	搅拌机	JZC350	浙江义乌建筑机械厂	1995.10	137	自购	2000.10		24800
4	421001	混凝土泵	HBT60	湖北建筑机械厂	1996.9	895	租赁	2000.12.5		
5	43101	配料机	PL800	山东建筑机械厂	1996.5	105	租赁	2000.12.5		
		木工机械								
1		压刨	MB1103	浙江海宁木工机械厂	1989.8	176	自购	2000.11.12		2680
2		平刨	ML0342	山东工友机械厂	1996.5	1431	自购	2000.11.11		1850
3		圆盘锯		自制						

表 6 - 29 　　　　　　　　　　　　　　　　新 购 设 备 验 收 单

建制使用单位：某项目　　　　　　　　　　　　　　　　　　　　　　　　　　　　　　验字第 20 号

设备名称	型号规格	工作能力	生产厂	出厂日期	出厂编号	总重量
主机　塔式起重机	QTZ80G	80t·m	张家港波坦	2001.05.15	053	81.32t
配套						

设备来源：新购					到货日期：2001.6.14				设备原值：78 万	
名称	规格	单位	数量	备注	名称	规格	单位	数量		备注

验收情况：随机资料齐全，随机部件、工具齐全。安装后，试验参数达到设计标准										
单位公章	主管部门	设备处	验收	×××	制表	×××	验收日期	2001 年 6 月 16 日		

2. 设备台账统计要求

（1）施工机械设备在进场时应做好进场验收与接管工作，认真填写好《施工机械设备交接清单》、《施工机械设备登记卡》，建立《施工机械设备台账》。

（2）填写《施工机械设备交接清单》、《施工机械设备登记卡》、《施工机械设备台账》、《新购设备验收单》中的几点注意事项：

1）《施工机械设备交接清单》。项目部在施工机械设备进场、机组人员变更时应填写《施工机械设备交接清单》。填写《施工机械设备交接清单》前，机械设备管理员必须组织机械维修工、操作工、安全员等相关人员对进场设备进行认真、仔细的检查，并做好检查记录。

2）《施工机械设备登记卡》。填写《施工机械设备登记卡》时，除要认真阅读设备的使用说明书之外，对附属设备较多的机械设备应当详细记录各种附属设备的名牌内容。

3）《施工机械设备台账》。填写《施工机械设备台账》时，应按设备分类进行填写。

4）《新购设备验收单》。填写《新购设备验收单》时，应按照订货单、发货清单、装箱单认真验货。如有缺少时，应及时记录并与厂方联系解决。

6.2　编制、收集、整理施工材料、施工设备资料

建筑材料、构配件和设备进场验收前应做好相应准备工作。验收时需准确核对各类凭证，确认其是否齐全、有效、相符，按照合同要求检查质量和数量。当施工过程需要时，对于特定的建筑材料、构配件和设备（如锅炉、起重设备等），施工企业可到供应方的现场进行验证。

6.2.1　编制、收集、整理施工材料管理资料

1. 收集、整理材料管理所需的资料

（1）《物资供方考察评价表》。

（2）《物资供方重新评价表》。

（3）《合格物资供方名册》。

（4）《材料采购计划》。

（5）《材料报验表》。

（6）《不合格品处置记录》。

（7）合格物资供方名册。

（8）材料需用计划。

（9）材料采购计划。

（10）材料采购台账。

（11）材料材质证明文件。

（12）不合格材料处置记录。

（13）甲供材料登记台账。

（14）紧急放行物资台账及相关记录。

（15）材料移动报表。

（16）材料验收单。

（17）材料采购租赁合同。

（18）材料采购租赁合同台账。

（19）关于材料的其他资料。

2. 收集、整理材料进场所需资料

（1）地基与基础。

1）各种加固材料的出厂合格证、准用证各进场检验报告。

2）混凝土、水泥土试块的强度测试报告。

3）单桩或复合地基载荷试验报告及其他地基质量检验报告。

（2）桩基工程。

1）钢筋、水泥、砂石等原材料质量证明书、复试报告及准用证。

2）商品混凝土质量保证书和准用证。

3）预制桩出厂合格证。

（3）钢筋混凝土结构工程。

1）钢筋、水泥、粗细骨料等原材料质量证书、准用证、生产许可证、交易凭证、复试报告、进口钢筋的商检报告。

2）预拌（商品）混凝土质量证明和坍落度检查记录。

3）混凝土强度和抗渗试验报告及评定结果和钢筋连接试验报告。

（4）砌体结构工程。

1）砖、砌块、预制构件、水泥、钢筋等材料构件的质量证明书、准用证及进场试验报告。

2）后置埋件拉结试验报告。

3）混凝土和砂浆试块报告及评定结果。

（5）混凝土小型空心砌块工程。

1）小砌块准用证、出厂合格证或复试报告。

2）砂浆混凝土试块报告。

3）水泥、钢材等原材料的合格证、复试报告。

（6）钢结构工程。

1）钢材焊接材料高强度螺栓连接、防火涂料、防腐涂料等的质量证明书、试验报告。

2）钢构件出厂合格证和设计要求强度试验的构件试验报告。

3）高强螺栓连接摩擦面抗滑移系数厂家试验报告和安装前复试报告。

4）高强螺栓连接产生预拉力或扭矩系数复验报告。

5）一、二级焊缝探伤报告。

（7）装饰、门窗、屋面工程。

各种原材料出厂质量证书、准用证、复试报告及其他试验报告。

（8）住宅建筑初装饰工程。

1）原材料的出厂质保书、产品合格证、准用证、复试报告及其他试验报告。

2）煤气、给水试压试验报告。

3）排水管道的通水、灌水、通球试验记录。

4）卫生器具的盛水试验记录。

5）卫生间、阳台泼水试验记录。

6）电气绝缘电阻接地、电阻测定记录。

（9）铝合金、门窗安装工程。

1）门窗产品的准用证、出厂合格证及相关材料的合格证。

2）门窗三性检测报告。

3）门窗喷淋试验报告。

（10）塑料门窗安装工程。

1）门窗产品的准用证和出厂合格证。

2）厂家提供的 PVC 塑料与相关材料的相容性试验报告。

3）门窗三性试验。

4）门窗喷淋试验记录。

5）填充材料、注胶材料质量。

（11）玻璃幕墙安装工程。

1）各种材料的合格证、产品生产许可证、单元板的出厂合格证和打胶记录、进口材料的商检报告。

2）结构胶、密封胶的物理耐用年限和保险年限质保书、相容性和性能测试报告。

3）幕墙抗风压强度、雨水渗漏、空气渗透的检测报告。

4）正常情况下幕墙物理耐用年限的质量证书。

5）淋水试验报告记录、避雷接地测试记录、节点承载力试验报告。

（12）屋面工程。

1）原材料的出厂质量证明书、复试报告和建筑防水材料产品准用证。

2）屋面天沟应进行 24h 蓄水试验，雨后或持续淋水 2h 后进行淋水试验。

（13）设备安装。

1）应有主要设备开箱检查验收记录及设备基础复测记录。

2）进入现场的设备主要材料及配件的产品合格证、质保书以及塑料给配件的准用件、便器高低水箱、给水配件、推荐产品符合设计要求或地方有关规定。

3）埋地排水管道灌水试验、排水、排污、管道通水试验，各种卫生器具盛水试验及排水、排污、立管、通球试验、给水、消防、燃气管道、压力试验、电机试运转记录。

（14）通风与空调安装工程。

1）应有主要设备开箱检查验收记录及设备基础复测记录。

2）进入现场的设备主要材料及配件的产品合格证、质保书以及推荐产品符合设计要求或地方有关规定。

3）通风与空调的漏光、漏风量检测和系统调试、电机试运转记录。

（15）建筑电器安装工程。

1）应有主要设备开箱检查验收记录及设备基础复测记录。

2）进入现场的设备主要材料及配件的产品合格证、质保书及电气照明灯具、开关插座等长城安全认证标记。

3）电气绝缘、电阻和接地电阻测试、电机试运转记录。

（16）建筑电梯安装工程。

1）应有设备开箱检查记录、设备零部件数量完好情况、损伤程度及处理结果与验收记录。

2）产品合格证和有关技术资料。

3）绝缘电阻、接地电阻测试记录。

4）试运转记录、电压、电流、运行速度、温升、空载、满载、超载、平衡系数、称量装置、运行功能资料。

（17）以下材料需有建筑材料备案证明使用现场验证单。

1）商品混凝土。

2）商品砂浆。

3）普通小砌块。

4）烧结多孔砖。

5）防水涂料。

6）排水管。

7）给水管。

8）电工套管。

9）饰面人造木板。

10）饰面石材。

11）蒸压加气混凝土砌块。

12）烧结普通砖。

13）水泥。

14）建筑用砂。

15）建筑用石。

16）建筑门窗。

17）外墙涂料。

3. 注意事项

施工方的材料报审表、材料合格证及材料复试报告和工程构配件报审表应装订成一式两份：一份自留，另一份报监理。此方面资料不在监理应备案的竣工资料范围，只做收集，竣工后交建设方保存或本公司保存。施工现场的所有材料都需要报验，质保资料必须要求原件，见表 6‑30～表 6‑32。

表 6‑30　　　　　　　　　　**工程材料/构配件/设备报审表**

工程名称：　　　　　　　　　　　　　　　　　　　　　　　编号：

致：　　　　　　　　　　　　　　　　　　　　　　　　　　（监理单位） 　　我方关于　　　年　　　月　　　日进场的工程材料/构配件/设备数量如下（见附件）。现将质量证明文件及自检结果报上，拟用于下述部位： 　　精轧区①～⑩轴柱   请予以审核。 　　附件： 　　1. 数量清单：填写《工程材料数量清单表》请见此表背页样表 　　2. 质量证明文件：5 页 　　3. 自检结果 承包单位（章） 　　　　　　　　　　　　　　　　　　　　　　　　　　　项目经理 　　　　　　　　　　　　　　　　　　　　　　　　　　　日　　期
复查意见： 　　经检查上述工程材料/构配件/设备，符合/不符合设计文件和规范的要求，准许/不准许进场，同意/不同意使用拟定部位。 　　①$\phi20$、$\phi18$规格钢筋质量控制资料合格证 2 份，复检证明 3 份，符合要求。 　　②资料齐全、有效，予以验收。   　　项目监理机构 　　　　　　　　　　　　　　　　　　　　　　　　　总/专业监理工程师 　　　　　　　　　　　　　　　　　　　　　　　　　日　　期

表 6 - 31   工程材料数量清单表

共 1 页，第 1 页

序号	名称	规格型号	产地	数量	合格证编号	复检证编号	是否见证
1	钢筋	φ20（闪光对焊）		300 个		HJ06030001	√
2		φ18（电渣压力焊）		210 个		HJ06030002	√
3		φ20（电渣压力焊）		144 个		HJ06030003	√
4	钢筋	φ6.3	鄂钢	3t	3 - 10 - 429	GJ06030001	√
5	钢筋	φ8.0	鄂钢	19t	3 - 10 - 263	GJ06030002	√
6	钢筋	φ10	//	13t	3 - 12 - 158	GJ06030003	√
7	钢筋	φ16	//	7t	8 - 2 - 366	GJ06030004	√
8	钢筋	φ18	//	10t	8 - 12 - 148	GJ06030005	√
9	钢筋	φ20	//	21t	8 - 8 - 21	GJ06030006	√
10	钢筋	φ22	//	22t	8 - 10 - 1	GJ06030007	√
11	钢筋	φ12	//	8t	3 - 11 - 52	GJ06030008	√
12	钢筋	φ25	鄂钢	5t	2 - 1 - 338	GJ06030009	√
13	钢筋	φ14	鄂钢	5t	8 - 1 - 42	GJ06030010	√

表 6 - 32 构配件报验清单

拟用部位：

序号	构件编号	构件名称	构件详图所在图号	数量	重量	备注

6.2.2　编制、收集、整理施工设备相关资料

随着施工机械化程度的不断提高，机械设备在施工生产中的地位和作用也日益重要。在我们的施工现场，由于工程量的大小、结构形式的不同、工期要求等因素，往往配置多种类型的施工机械设备。在一些较大的工程项目中，施工机械设备多达几十种类型，上百台设备。建立和完善施工设备管理资料的过程，就是实施预测、预控、预防设备事故的过程。因此，工地设备管理资料的搜集、整理与建档的管理工作，应由项目部专职设备管理员和资料员共同负责。搜集资料与现场检查评分的工作主要由设备管理员负责；资料的整理分类与建档管理的工作，主要由资料员负责。施工现场的设备管理员、资料员都应具备基本的设备管理知识，熟悉设备管理资料内容，并结合现场实际情况，按照规定如实地记载、整理和积累相关设备管理资料，做到及时、准确、完善；只有把设备管理资料整理得全面、细仔、严谨、可行、具有针对性并使之标准化、制度化，切实运用于施工生产过程中，才能有效地指导安全施工及时发现问题和采取有效措施，排除施工现场的不安全因素，达到预防为主，防患于未然的目的。

1. 建筑机械的分类

1997 年，建设部将《建筑机械与设备产品分类及型号》（JG/T 5093—1997）共划分为 19 大类：

（1）挖掘机械：包括单斗挖掘机、多斗挖掘机、挖掘装载机。

（2）起重机械：包括塔式起重机、履带起重机、施工升降机等。

（3）铲土运输机械：推土机、铲运机、翻斗机等。

（4）桩工机械：包括振动桩锤、液压锤、压桩机等。

（5）压实机械：包括压路机、夯实机等。

（6）路面机械：包括沥青洒布机、沥青混凝土摊铺机等。

（7）混凝土机械：包括混凝土搅拌机、混凝土搅拌输送车、混凝土泵等。

（8）混凝土制品机械：包括混凝土砌块成型机、空心板挤压成型机等。

（9）钢筋及预应力机械：包括钢筋强化机械、钢筋成型机械、钢筋连接机械、钢筋预应力机械等。

（10）高空作业机械：包括高空作业车、高空作业平台等。

（11）装修机械：包括灰浆制备及喷涂机械、涂料喷刷机械、地面修整机械、装修吊篮、手持机动工具等。

（12）市政机械：包括井点降水设备、管道施工设备、管道疏通机械、电杆埋架机械、电线架设设备等。

（13）环境卫生机械：包括扫路机、清洗机等。

（14）园林机械：包括苗木移植机、草皮种植机等。

（15）电梯：包括乘客电梯、载货电梯、客货电梯、观光电梯等。

（16）自动扶梯、自动人行道：包括自动扶梯、自动人行道设备等。

（17）垃圾处理设备：包括垃圾分选设备、垃圾破碎机等。

（18）门窗加工机械：包括门窗材料制备机械、门窗机械加工设备、门窗焊接机械等。

（19）其他：包括机械式停车设备等。

2. 常见施工设备资料

（1）施工现场机械设备台账。

（2）外租机械资质合同安全管理协议书。

（3）设备技术资料。

1）设备出厂技术资料：产品合格证、使用维修说明书、易损零件图、电气原理、电子元件布置图、必要的安全附件型式、试验报告、监督检查证明文件等有关资料。

2）安装过程中需要的技术资料：安装位置、启用时间。

3）特种设备检验机构出具的验收证明或定期《检验报告书》。

（4）设备维修资料。

1）日常保养、维护、大修、改造、变更、检查和试验记录。

2）设备事故、人身事故记录。

3）上级主管部门的设备安全评价。

4）特制设备及安全附件、安全设备装置、测量调空装置及有关配套件的维修、检测记录等。

（5）设备档案资料。

1）开箱验收。设备到货开箱验收是随机文件材料收集归档的关键环节，可先收集归档，经登记后再出借使用，或复印后再出借使用。

2）安装调试完毕。设备安装、调试过程中形成的文件材料，在安装、调试完毕后，及时组织收集归档。

3）因购买设备时，随机文件是有限的，在设备安装、使用、维修过程中常感不足，特别是设备档案资料散失不全时，需向设备生产单位补充收集文件材料。

4）设备在历次大修中形成的档案材料要及时收集归档。

5）除整理随机带来的技术资料外，还应注意收集包装箱内夹带的资料、各装配件附带的零星资料，并经认真筛选后归档。

本 章 练 习 题

1. 建筑材料、设备的统计台账通常有哪些内容？

2. 材料台账统计要求有哪些？

3. 材料管理一般需搜集、整理哪些资料？

4. 常见施工设备资料有哪些？

第7章

建筑材料现场取样检测

为加强建筑工程质量管理，进一步规范建筑材料取样送检工作，保证工程送检材料的真实性。国家要求所有在建工程使用的全部原材料、半成品材料及现场制作的混凝土、砂浆试块及钢筋连接件等都必须实行见证取样送检。所谓见证取样送检是指取样员必须在见证人员在旁见证的情况下，按有关技术标准（规范）的规定，从检验对象中抽取试样并封样。在见证人员随同下一起送检测机构试验。

7.1 见证取样送检程序和要求

7.1.1 见证取样送检程序

（1）建设单位到质监站办理监督手续时，同时到检测中心报《见证人员授权书》。

（2）取样员在见证人员在场见证时，按有关规范、标准抽取试样。

（3）抽取的试样在见证人员监护下送检测中心。

（4）检测中心收样，由建设单位人员填写检测委托单，见证人员须在委托单上签字。

（5）建设单位填写委托单时，应提供各项原材料的产品合格证，合格证内容有生产厂家、出厂日期，产品品种规格、编号、吨位等。

7.1.2 见证取样送检要求

（1）严格执行建筑材料质量标准。凡进入施工现场的建筑材料必须有合格证明，并符合设计规定要求，需复试检测的建筑材料必须经复试合格方能使用。未经检验认可的材料和没有质量合格证明的材料及复试不合格的材料，不得在施工中使用。

（2）严格执行见证取样制度。各项目部要严格按照住房城乡建设部《房屋建筑和市政基础工程实行见证取样和送检的规定》，认真执行见证取样程序，严格按照规范标准规定的批次、数量，对建筑材料进行见证取样，并送至有资质的检测机构进行检测。

（3）规范施工技术资料形成与管理，要按照有关规定，切实规范施工技术资料形成与管理，及时、准确、真实、完整的收集和整理施工技术资料，项目经理对施工技术资料的质量负责。施工技术资料的形成要与施工进度同步，要详细记录建筑材料有关信息，材料进场记录、检验验收记录、进场复试委托书、复试报告等，应做到数据齐全、信息完整，具有可追溯性。

（4）对不按规定的批次、数量和程序进行送检或弄虚作假的，要严厉处罚，并追究相关项目部和个人的责任，坚决禁止不合格材料用于建筑工程，确保建筑工程质量。

7.2 试块制作和养护

7.2.1 混凝土试件的取样及制作

1. 现场搅拌混凝土

根据《混凝土结构工程施工质量验收规范》（GB 50204—2015）和《混凝土强度检验评定标准》（GB/T 50107—2010）的规定，用于检查结构构件混凝土强度的试件，应在混凝土的浇筑地点随机抽取。取样与试件留置应符合以下规定：

（1）每拌制 100 盘但不超过 100m³ 的同配合比的混凝土，取样次数不得少于一次。

（2）每工作班拌制的同一配合比的混凝土不足 100 盘时，其取样次数不得少于一次。

（3）当一次连续浇筑超过 1000m³ 时，同一配合比的混凝土每 200m³ 取样不得少于一次。

（4）同一楼层、同一配合比的混凝土，取样不得少于一次。

（5）每次取样应至少留置一组标准养护试件，同条件养护试件的留置组数应根据实际需要确定。

2. 预拌（商品）混凝土

预拌（商品）混凝土，除应在预拌混凝土厂内按规定留置试块外，混凝土运到施工现场后，还应根据《预拌混凝土》（GB/T 14902—2012）规定取样。

（1）用于交货检验的混凝土试样应在交货地点采取。每 100m³ 相同配合比的混凝土取样不少于一次；一个工作班拌制的相同配合比的混凝土不足 100m³ 时，取样也不得少于一次；当在一个分项工程中连续供应相同配合比的混凝土量大于 1000m³ 时，其交货检验的试样为每 200m³ 混凝土取样不得少于一次。

（2）用于出厂检验的混凝土试样应在搅拌地点采取，按每 100 盘相同配合比的混凝土取样不得少于一次；每一工作班组相同的配合比的混凝土不足 100 盘时，取样亦不得少于一次。

（3）对于预拌混凝土拌合物的质量，每车应目测检查；混凝土坍落度检验的试样，每 100m³ 相同配合比的混凝土取样检验不得少于一次；当一个工作班相同配合比的混凝土不足 100m³ 时，也不得少于一次。

3. 混凝土抗渗试块

根据《地下防水工程质量验收规范》（GB 50208—2011），混凝土抗渗试块取样按下列规定：

（1）连续浇筑混凝土量 500m³ 以下时，应留置两组（12 块）抗渗试块。

（2）每增加 250～500m³ 混凝土，应增加留置两组（12 块）抗渗试块。

（3）如果使用材料、配合比或施工方法有变化时，均应另行仍按上述规定留置。

（4）抗渗试块应在浇筑地点制作，留置的两组试块其中一组（6 块）应在标准养护室养护；另一组（6 块）与现场相同条件下养护，养护期不得少于 28d。

根据《混凝土结构工程施工质量验收规范》的规定，混凝土抗渗试块取样按下列规定：对有抗渗要求的混凝土结构，其混凝土试件应在浇筑地点随机取样。同一工程、同一配合比的混凝土，取样不应少于一次，留置组数可根据实际需要确定。

4. 粉煤灰混凝土

（1）粉煤灰混凝土的质量，应以坍落度（或工作度）、抗压强度进行检验。

（2）现场施工粉煤灰混凝土的坍落度的检验，每工作班至少测定两次，其测定值允许偏差为±20mm。

（3）对于非大体积粉煤灰混凝土每拌制 100m³，至少成型一组试块；大体积粉煤灰混凝土每拌制 500m³，至少成型一组试块。不足上列规定数量时，每工作组至少成型一组试块。

7.2.2 试件制作和养护

根据《普通混凝土力学性能试验方法标准》（GB/T 50081—2002）的要求，混凝土试件的制作和养护按下列规定：

1. 试件的制作

（1）混凝土试件的制作应符合下列规定：

1）成型前，应检查试模尺寸并符合 GB/T 50081—2002 的规定；试模内表面应涂一薄层矿物油或其他不与混凝土发生反应的脱模剂。

2）在试验室拌制混凝土时，其材料用量应以质量计，称量的精度：水泥、掺合料、水和外加剂为±0.5%；骨料为±1%。

3）取样或试验室拌制的混凝土应在拌制后尽量短的时间内成型，一般不宜超过 15min。

4）根据混凝土拌合物的稠度确定混凝土成型方法，坍落度不大于 70mm 的混凝土宜用振动振实；大于 70mm 的宜用捣棒人工捣实；检验现浇混凝土或预制构件的混凝土，试件成型方法应与实际采用的方法相同。

5）圆柱体试件的制作按有关规定执行。

（2）混凝土试件制作应按下列步骤进行：

1）取样或拌制好的混凝土拌合物应至少用铁锹再来回拌和三次。

2）按试件制作的规定，选择成型方法成型。

①用振动台振实制作试件应按下述方法进行：

a. 将混凝土拌合物一次装入试模，装料时应用抹刀沿各试模壁插捣，并使混凝土拌合物高出试模口。

b. 试模应附着或固定在符合有关要求的振动台上，振动时试模不得有任何跳动，振动应持续到表面出浆为止；不得过振。

②用人工插捣制作试件应按下述方法进行：

a. 混凝土拌合物应分两层装入模内，每层的装料厚度大致相等。

b. 插捣应按螺旋方向从边缘向中心均匀进行。在插捣底层混凝土时，捣棒应达到试模底部；插捣上层时，捣棒应贯穿上层后插入下层 20～30mm；插捣时捣棒应保持垂直，不得倾斜。然后，应用抹刀沿试模内壁插拔数次。

c. 每层插捣次数按在 10 000mm² 截面积内不得少于 12 次。

d. 插捣后应用橡皮锤轻轻敲击试模四周，直至插捣棒留下的空洞消失为止。

③用插入式振捣棒振实制作试件应按下述方法进行：

a. 将混凝土拌合物一次装入试模，装料时应用抹刀沿各试模壁插捣，并使混凝土拌合物高出试模口。

b. 宜用直径为 $\phi 25mm$ 的插入式振捣棒，插入试模振捣时，振捣棒距试模底板 10～20mm 且不得触及试模底板，振动应持续到表面出浆为止且应避免过振，以防止混凝土离析；一般振捣时间为 20s。振捣棒拔出时要缓慢，拔出后不得留有孔洞。

刮除试模上口多余的混凝土，待混凝土临近初凝时，用抹刀抹平。

2. 试件的养护

（1）试件成型后应立即用不透水的薄膜覆盖表面。

（2）采用标准养护的试件，应在温度为（20±5）℃的环境中静置 1～2 昼夜，然后编号、拆模。拆模后应立即放入温度为（20±2）℃，相对湿度为 95％ 以上的标准养护室中养护，或在温度为（20±2）℃的不流动的氢氧化钙饱和溶液中养护。标准养护室内的试件应放在支架上，彼此间隔 10～20mm，试件表面应保持潮湿，并不得被水直接冲淋。

（3）同条件养护试件的拆模时间可与实际构件的拆模时间相同，拆模后，试件仍需保持同条件养护。

（4）标准养护龄期为 28d（从搅拌加水开始计时）。

3. 试验记录

（1）试件制作和养护的试验记录内容应符合 GB/T 50081—2002 第 1.0.3 条第 2 款的规定。

（2）结构实体检验用同条件养护试件。

（3）根据《混凝土结构工程施工质量验收规范》的规定，结构实体检验用同条件养护试件的留置方式和取样数量应符合以下规定：

1）对涉及混凝土结构安全的重要部位应进行结构实体检验，其内容包括混凝土强度、钢筋保护层厚度及工程合同约定的项目等。

2）同条件养护试件应由各方在混凝土浇筑入模处见证取样。

3）同一强度等级的同条件养护试件的留置不宜少于 10 组，留置数量不应少于 3 组。

4）当试件达到等效养护龄期时，方可对同条件养护试件进行强度试验。所谓等效养护龄期，就是逐日累计养护温度达到 600℃·d，且龄期宜取 14～60d。一般情况下，温度取当天的平均温度。

7.2.3　砌筑砂浆试件的取样

1. 抽样频率

每一楼层或 250m³ 砌体中的各种强度等级的砂浆，每台搅拌机应至少检查一次，每次至少应制作一组试块。如果砂浆强度等级或配合比变更时，还应制作试块。基础砌体可按一个楼层计。

2. 试件制作和养护

（1）砂浆试验用料可以从同一盘搅拌或同一车运送的砂浆中取出。施工中取样，应在使用地点的砂浆槽、砂浆运送车或搅拌机出料口，至少从三个不同部位采取。所取试样的数量应多于试验用量的 1～2 倍。砂浆拌合物取样后，应尽快进行试验。现场取来的试样在试验前应经人工再翻拌，以保证其质量均匀。

（2）砂浆立方体抗压试件每组六块。其尺寸为 70.7mm×70.7mm×70.7mm。试模用铸铁或钢制成。试模应具有足够的刚度、拆装方便。试模内表面应机械加工，其不平度为每100mm 不超过 0.05mm，组装后各相邻面的不垂直度不应超过±0.5 度。制作试件的捣棒为直径 10mm、长 350mm 的钢棒，其端头应磨圆。

（3）砂浆立方体抗压试块的制作。

1）将无底试模放在预先铺有吸水较好的纸的普通黏土砖上（砖的吸水率不小于 10%，含水率不大于 20%），试模内壁事先涂刷薄层机油或脱模剂。

2）放于砖上的湿纸，应用新闻纸（或其他未粘过胶凝材料的纸）。纸的大小要以能盖过砖的四边为准，砖的使用面要求平整，凡砖的四个垂直面粘过水泥或其他胶结材料后，不允许再使用。

3）向试模内一次注满砂浆，用捣棒均匀地由外向里按螺旋方向插捣 25 次，为了防止低稠度砂浆插捣后，可能留下孔洞，允许用油灰刀沿模壁插数次。插捣完后，砂浆应高出试模顶面 6～8mm；

当砂浆表面开始出现麻斑状态时（15～30min），将高出部分的砂浆沿试模顶面削去抹平。

3. 试件养护

（1）试件制作后应在（20±5）℃温度环境下停置一昼夜（24±2）h，当气温较低时，可适当延长时间，但不应超过两昼夜，然后对试件进行编号并拆模。试件拆模后，应在标准养护条件下继续养护至 28d，然后进行试压。

（2）标准养护的条件是：

1）水泥混合砂浆应为：温度为（20±3）℃，相对湿度为 60%～80%。

2）水泥砂浆和微沫砂浆应为：温度为（20±3）℃，相对湿度为 90% 以上。

3）养护期间，试件彼此间隔不少于 10mm。

（3）当无标准养护条件时，可采用自然养护。

1）水泥混合砂浆应在正常温度、相对湿度为 60%～80% 的条件下（如养护箱中或不通风的室内）养护。

2）水泥砂浆和微沫砂浆应在正温度并保持试块表面湿润的状态下（如湿砂堆中）养护。

3）养护期间必须做好温度记录。在有争议时，以标准养护为准。

7.3 常用建筑材料的取样检测

7.3.1 见证取样的概念、范围和程序

见证取样和送检制度是指在建设监理单位或建设单位见证下，对进入施工现场的有关建筑材料，由施工单位专职材料试验人员在现场取样或制作试件后，送至符合资质资格管理要求的试验室进行试验的一个程序。见证取样和送检由施工单位的有关人员按规定进场材料现场取样，并送至具备相应资质的检测单位进行检测。见证人员和取样人员对试样的代表性和真实性负责。

1. 见证取样的概念

取样，是按照有关技术标准、规范的规定，从检验（或检测）对象中抽取实验样品的过

程；送检，是指取样后将样品从现场移交有检测资格的单位承检的过程。取样和送检是工程质量检测的首要环节，其真实性和代表性直接影响到监测数据的公正性。

为保证试件能代表母体的质量状况和取样的真实，制止出具只对试件（来样）负责的检测报告，保证建设工程质量检测工作的科学性、公正性和准确性，以确保建设工程质量，根据建设部建建（2000）211 号《关于印发〈房屋建筑工程和市政基础设施工程实行见证取样和送检制度的规定〉的通知》的要求，在建设工程质量检测中实行见证取样和送检制度，即在建设单位或监理单位人员见证下，由施工人员在现场取样，送至试验室进行试验。

（1）见证取样涉及三方行为：施工方，见证方，试验方。

（2）试验室的资质资格管理：①各级工程质量监督检测机构（有 CMA 章，即计量认证，1 年审查一次）。②建筑企业试验室逐步转为企业内控机构，4 年审查 1 次。（它不属于第三方试验室）。

第三方试验室检查：①计量认证书，CMA 章。②查附件，备案证书。

CMA（中国计量认证/认可）是依据《中华人民共和国计量法》为社会提供公正数据的产品质量检验机构。

计量认证分为两级实施：一级为国家级，由国家认证认可监督管理委员会组织实施；一级为省级，实施的效力均是完全一致的。

见证人员必须取得《见证员证书》且通过业主授权，并授权后只能承担所授权工程的见证工作。对进入施工现场的所有建筑材料，必须按规范要求实行见证取样和送检试验，试验报告纳入质保资料。

2. 见证取样的范围

按规定下列试块、试件和材料必须实施见证取样和送检：

（1）用于承重结构的混凝土试块。

（2）用于承重墙体的砌筑砂浆试块。

（3）用于承重结构的钢筋及连接接头试件。

（4）用于承重墙的砖和混凝土小型砌块。

（5）用于拌制混凝土和砌筑砂浆的水泥。

（6）用于承重结构的混凝土中使用的掺加剂。

（7）地下、屋面、厕浴间使用的防水材料。

（8）国家规定必须实行见证取样和送检的其他试块、试件和材料。

3. 见证取样的程序

（1）授权：建设单位或该工程的监理单位应向施工单位、工程受监质监站和工程检测单位递交"见证单位和见证人员授权书"。授权书应写明本工程见证人单位及见证人姓名、证号、见证人不得少于 2 人。

（2）取样：施工企业取样人员在现场抽取和制作试样时，见证人必须在旁见证，且应对试样进行监护，并和委托送检的送检人员一起采取有效的封样措施或将试样送至检测单位。

（3）送检：检测单位在接受委托检验任务时，须有送检单位填写委托单，见证人应出示《见证人员证书》，并在检验委托单上签名。检测单位均须实施密码管理制度。

（4）试验报告：检测单位应在检验报告上加盖"有见证取样送检"印章。发生试样不合格情况，应在 24h 内上报收监质监站，并建立不合格项目台账。

五点要求：①试验报告应电脑打印；②试验报告采用省统一用表；③试验报告签名一定要手签；④试验报告应有"有见证检验"专用章统一格式；⑤注明见证人的姓名。

（5）报告领取：

第一种情况：检验结果合格，由施工单位领取报告，办理签收登记。

第二种情况：检验结果不合格，试验单位通知见证人上报监督站。由见证人领取试验报告。

在见证取样和送检试验报告中，试验室应在报告备注栏中注明见证人，加盖有"有见证检验"专用章，不得再加盖"仅对来样负责"的印章，一旦发生试验不合格情况，应立即通知监督该工程的建设工程质量监督机构和见证单位，有出现试验不合格而需要按有关规定重新加倍取样复试时，还需按见证取样送检程序来执行。未注明见证人和无"有见证检验"章的试验报告，不得作为质量保证资料和竣工验收资料。

7.3.2 常用建筑材料的现场取样方法及复验

7.3.2.1 常用建筑材料的现场取样

1. 用于承重结构的混凝土试块

（1）现场拌制混凝土。

1）应在浇筑地点随机配样。

2）每拌制 100 盘且不超过 $100m^3$ 的同配合比取样不少于一次。

3）每工作班同配比混凝土取样不少于一次。

4）连续浇超过 $1000m^3$ 时，同配比混凝土每 $200m^3$ 取样不少于一次。

5）每一楼层同配比混凝土取样不少于一次。

6）每次至少留置一组（3 个试件立方体）。

7）同条件养护试件根据实际需要确定留置组数。

（2）商品混凝土。

1）每 $100m^3$ 同配比混凝土不少于一次。

2）一个分项工程连续供应同配比混凝土大于 $1000m^3$ 时，每 $200m^3$ 取样不少于一组。

2. 用于承重墙体的砌筑砂浆

（1）同盘砂浆只应制作一组（6 件试件）标养试块。

（2）不超过 $250m^3$ 砌体的同一类型，同一强度等级的砌筑砂浆，每台搅拌机应至少抽查一次。

3. 用于承重结构的钢筋及连接接头试件

（1）热轧光圆钢筋、热轧带肋钢筋、冷轧带肋钢筋、碳素结构钢，每批由重量不大于 60t 的同一牌号、同一炉号、同一规格、同一交货状态的钢筋组成。

（2）直条钢筋，每批应做 2 个拉伸，2 个弯曲试验；每批盘条钢筋应做 1 个拉伸，2 个弯曲试验。

（3）闪光对焊 300 个同级别、同直径接头为一批，取 6 个试件，3 个弯曲、3 个拉伸。

（4）电渣压力焊、电弧焊接头同级别、同直径每 300 个为一批取 3 个做拉伸试验。

（5）机械连接接头同批材料、同等级规格接头 500 个为一批，取 3 个试件做拉伸试验，现场边续 10 批合格，试验抽检可扩大一倍。

4. 用于承重墙的砖和混凝土小型砌块

(1) 普通烧砖 15 万块为一组，多孔砖 5 万块为一组，灰砂砖及粉煤砖 10 万块为一组，强度检验试样每组为 15 块。

(2) 砂小型空心砌块每 1 万块至少抽检一组，基础和底层应不少于 2 组。

(3) 蒸压加气混凝土砌块同品种、同规格、同等级的砌块，以 10 000 块为一批，强度级别和体积密度检验应制作 3 组（9 块）试件。

5. 用于拌制混凝土砌筑砂浆的水泥

同一厂家、同一等级、同一品种、同一批号且连续进场的袋装 200t/批，散装 500t/批，每批不少于一次。取样点至少在 20 点以上，重量不少于 12kg。水泥出厂日期超过三个月应做复验。

6. 由于承重结构的混凝土使用的掺加剂

(1) 减水剂、早强剂、缓凝剂等外掺剂，外掺量大于等于 1%，按 100t/批；小于 1%，按 50t/批。每批取样不少于 0.5t 水泥所需用量。

(2) 混凝土泵送剂 30~50t/批，取样量为 0.2t 水泥用量。

(3) 膨胀剂 200t/批，按水泥取样。

(4) 防冻剂 50t/批，按 0.15t 水泥用量取样。

(5) 防水剂 30~50t/批，按 0.2t 水泥用量取样。

(6) 速凝剂 20t/批，按每批取 4kg 送样。

7. 防水材料

(1) 同一品种、牌号、规格的卷材，抽验数量大于 1000 卷，抽 5 卷；500~1000 卷，抽 4 卷；100~499 卷，抽 3 卷；小于 100 卷，抽 2 卷。每卷在距端部 300mm 处裁取 1m 长卷材送样。

(2) 胶结材料按卷材配比取样。同一批号、同一规格标号的沥青按 20t/批；五处取试样共 1kg 送样。

(3) 同一规格、品种、牌号的防水涂料，按 10t/批取 2kg 样品送检。

(4) 双组分聚氨酯中甲组分 5t 为一批，乙组分按产品重量配批相应增加批量。甲、乙组分样品重量为 2kg，封样编号后送检。

(5) 建筑密封材料单组分产品同一等级、同一类型 3000 支/批；双组分产品以同一等级、同一类型 1t/批，2 组分按产品重量比增加批量。

8. 用于预应力结构中的钢绞线、锚具

(1) 无粘结预应力钢绞线每 60T 为一批，每批抽取一组试件。

(2) 预应力筋用锚具、夹具和连接器，检查数量按进场批次和产品抽样检验方案确定。对锚具用量较少的一般工程，如供货方提供有效的试验报告，可不作静载锚固性能试验。

9. 国家规定的必须实行见证取样和送样的其他试块、试件和材料

(1) 混凝土中粗细骨料（砂、石）400m³ 或 600t 为一验收批。

(2) 压实填土每 50~100m² 面积取一个检验点（环刀法）。

(3) 基槽基坑检验点按规范取样。

(4) 建筑幕墙、建筑门窗、室内环境等取样方法按相关规范执行。

7.3.2.2 水泥

1. 必试项目：安定性、凝结时间、强度

水泥进场时应对其品种、级别、包装或散装仓号、出厂日期进行检查，并应对其强度、安定性及其他必要的性能指标进行复验。

当使用中对水泥质量有怀疑或水泥出厂超过三个月（快硬硅酸盐水泥超过一个月）时，应进行复验，并按复验结果使用。

2. 取样数量

（1）散装水泥：对同一水泥厂生产、同期出厂的同品种、同强度等级、同一出厂编号的水泥为一验收批，但一验收批的总量不得超过500t。

随机从不少于3个车罐中各取等量水泥，经混拌均匀后，再从中称取不少于12kg的水泥作为试样。

（2）袋装水泥：对同一水泥厂生产、同期出厂的同品种、同强度等级、同一出厂编号的水泥为一验收批，但一验收批的总量不得超过200t。

随机从不少于20袋中各取等量水泥，经混拌均匀后，再从中称取不少于12kg的水泥作为试样。

3. 取样方法

对进场的袋装水泥，每批随机选择20个以上不同的部分，将取样管插入水泥适当深度，用大拇指按住气孔，小心抽出样管，将所取样品放入洁净、干燥、不易污染的容器中。

对于散装水泥，当所取水泥深度不超过2m时，采用槽形管式取样器，通过转动取样器内管控制开关，在适当位置插入水泥一定深度，关闭后小心抽出，将所取样品放入洁净、干燥、不易受污染的容器中。

7.3.2.3 普通混凝土用砂、石

1. 必试项目

筛分析、含泥量、泥块含量、针片状颗粒含量、压碎指标。

2. 取样数量

（1）以同一产地、同一规格每400m³或600t为一验收批，不足400m³或600t也按一批计。每一验收批取样一组。

（2）当质量比较稳定，进料量较大时，可以1000t为一验收批。

（3）一组试样40kg（最大粒径为10、16、20mm）或80kg（最大粒径为31.5、40mm）取样部位应均匀分布，在料堆上从五个不同的部位抽取大致相等的试样16份（料堆的顶部、中部、底部）。每份5~40kg，然后缩分到40kg或80kg送检。

3. 取样方法

（1）在料堆上取样时，取样部位应均匀分布。取样前先将取样部位表层铲除。然后对于砂子由各部位抽取大致相等的8份，组成一组样品。对于石子由各部位抽取大致相等的15份（在料堆的顶部、中部和底部各由均匀分布的5个不同部分取得）组成一组样品。

（2）从皮带运输机上取样时，应从机尾的出料处用接料器定时抽取，砂为4份，石子为8份，分别组成一组样品。

（3）从火车、汽车、货船上取样时，应从不同部位和深度抽取大致相等的砂8份，石子16份，分别组成一组样品。

（4）若检验不合格时，应重新取样。对不合格项进行加倍复验，若仍有一个试样不能满足标准要求，应按不合格处理。

（5）对所取样品应妥善包装，避免细料散失及防止污染。并附样品卡片，标明样品的编号、名称、取样时间、产地、规格、样品量、要求检验的项目取样方式等。

7.3.2.4 钢筋、钢丝

1. 热轧光圆钢筋

（1）必试项目：拉伸试验（屈服强度、抗拉强度、断后伸长率）、弯曲性能。

（2）取样数量：每批由同一牌号、同一炉罐号、同一尺寸的钢筋组成。每批重量通常不大于 60t，不足 60t 也按一批计。每批钢筋应做 2 各拉伸试验、2 个弯曲试验。超过 60t 的部分，每增加 40t（或不足 40t 的余数），增加 1 个拉伸试件和 1 个弯曲试样。

（3）取样方法：

拉伸检验：任选两根钢筋切取两个试样，试样长 500mm。

冷弯检验：任选两根钢筋切取两个试样，试样长度按规定公式计算。

在切取试样时，应将钢筋端头的 500mm 去掉后再切取。

2. 热轧带肋钢筋

（1）必试项目：拉伸（屈服强度、抗拉强度、断后伸长率）、弯曲性能。

（2）取样数量：每批由同一牌号、同一炉罐号、同一规格的钢筋组成。每批重量通常不大于 60t，不足 60t 也按一批计。每批钢筋应做 2 个拉伸试验、2 个弯曲试验。超过 60t 的部分，每增加 40t（或不足 40t 的余数），增加 1 个拉伸试件和 1 个弯曲试样。

（3）取样方法：

拉伸检验：任选一盘，从该盘的任一端切取一个试样，试样长 500mm。

弯曲检验：任选两盘，从每盘的任一端各切取一个试样，试样长 200mm。

在切取试样时，应将端头的 500mm 去掉后再切取。

3. 一般用途低碳钢丝

（1）必试项目：抗拉强度、180 度弯曲试验次数、伸长率。

（2）取样数量：从每批中抽查 5%，但不少于 5 盘，进行形状、尺寸和表面检查。从上述检查合格的钢丝中抽取 5%，优质钢抽取 10%，不少于 3 盘。

（3）取样方法：每批钢丝应由同一尺寸、同一锌层级别、同一交货状态的钢丝组成。拉伸试验、反复弯曲试验每盘各一个（任意端）。

4. 冷轧带肋钢筋

（1）必试项目：拉伸（屈服点、抗拉强度、伸长率）、弯曲或反复弯曲。

（2）取样数量：每批由同一牌号、同一外形、同一规格、同一生产工艺和同一交货状态的钢筋组成，每批不大于 60t。

（3）取样方法：冷轧带肋钢筋的力学性能和工艺性能应逐盘或逐捆做 1 个拉伸试验，从每盘任一端截去 500mm 以后，取两个试样，拉伸试样长 500mm，冷弯试样长 200mm。

牌号 CRB550 每批做 2 个弯曲试验，牌号 CRB650 及其以上每批做 2 个反复弯曲试验。其中，拉伸试样长 500mm，冷弯试样长 250mm。如果，检验结果有一项达不到标准规定。应从该捆钢筋中取双倍试样进行复验。

5. 冷轧扭钢筋

（1）必试项目：拉伸（抗拉强度、延伸率）、冷弯、重量、节距、厚度。

（2）取样数量：同一牌号、同一规格尺寸、同一台轧机、同一台班每 10t 为一验收批，不足 10t 也按一批计。

每批取弯曲试件 1 个，拉伸试件 2 个，重量、节距、厚度试件各 3 个。

（3）取样方法：取样部位应距钢筋端部不小于 500mm，试样长度宜取偶数倍节距，且不应小于 4 倍节距，同时不小于 500mm。

7.3.2.5 墙体材料

1. 烧结普通砖

（1）必试项目：抗压强度。

（2）取样数量：以同一生产厂家、同等级的砖每 15 万块为一验收批，不足 15 万块也按一批计。每一验收批随机抽取试样一组（10 块）。

（3）取样方法：用随机抽样法从外观质量和尺寸偏差检验合格的样品中抽取 15 块，其中 10 块做抗压强度检验，5 块备用。

2. 普通混凝土小型空心砌块

（1）必试项目：抗压强度。

（2）取样数量：以同一生产厂家、同等级的砖，每 1 万块为一验收批，不足 1 万块也按一批计。

（3）取样方法：在外观合格的样品中随机抽取，每批从尺寸偏差和外观质量检验合格的砖中随机抽取抗压强度试验试样一组（5 块）。

3. 烧结空心砖和空心砌块

（1）必试项目：抗压强度。

（2）取样数量：以同一生产厂家、同等级的砖每 3.5 万～15 万块为一验收批，不足 3.5 万块也按一批计。

（3）取样方法：每批从尺寸偏差和外观质量检验合格的砖中，随机抽取抗压强度试验试样一组（10 块）。

4. 轻集料混凝土小型空心砌块

（1）必试项目：抗压强度。

（2）取样数量：以同一生产厂家、同等级的砖每 1 万块为一验收批，不足 1 万块也按一批计。

（3）取样方法：每批随机抽取 32 块做尺寸偏差和外观质量检验，然后从尺寸偏差和外观质量检验合格的砖中随机抽取抗压强度试验试样一组（5 块）。

5. 蒸压加气混凝土砌块

（1）必试项目：立方体抗压强度、干密度。

（2）取样数量：同一生产厂家、同品种、同规格、同等级的砌块，以每 10 000 块为一验收批，不足 10 000 块也按一批计。

（3）取样方法：随机抽取 50 块砌块进行尺寸偏差、外观检验，砌块外观验收在交货地点进行，然后每一验收批从尺寸偏差与外观质量检验合格的砌块中，随机抽取砌块，制作 3 组试件进行立方体抗压强度试验，制作 3 组试件做干体积密度检验。试件的尺寸为

100mm×100mm×100mm 立方体试件。

7.3.2.6 防水材料

1. 防水卷材

(1) 必试项目：拉力、拉力最大时延伸率或断裂延伸率、柔度或低温柔度、耐热度、不透水性。

(2) 取样数量：以同一生产厂家的同一品种、同一等级的产品，大于 1000 卷抽 5 卷，1000～500 卷抽 4 卷，100～499 卷抽 3 卷，100 卷以下抽 2 卷，进行规格尺寸和外观质量检验。在外观质量检验合格的卷材中，任取一卷做物理性能检验。

(3) 取样方法：对于弹性体改性沥青防水卷材和塑性体改性沥青防水卷材，在外观质量达到合格的卷材中，将取样卷材切除距外层卷头 2500mm 后，顺纵向切取长度为 1000mm 的全幅卷材试样 2 块进行封扎，送检物理性能测定；对于氯化聚乙烯防水卷材和聚氯乙烯防水卷材，在外观质量达到合格的卷材中，在距端部 300mm 处裁取约 3m 长的卷材进行封扎，送检物理性能测定。

胶结材料是防水卷材中不可缺少的配套材料，因此必须和卷材一并抽检。抽样方法按卷材配比取样。同一批出厂，同一规格标号的沥青以 20t 为一个取样单位，不足 20t 按一个取样单位。从每个取样单位的不同部位取五处洁净试样，每处所取数量大致相等共 1kg 左右，作为平均试样。

2. 防水涂料

(1) 必试项目：固体含量、不透水性、低温柔度、耐热度、断裂伸长率。

(2) 取样数量：同一生产厂家每 5t 产品为一验收批，不足 5t 也按一批计。

(3) 取样方法：随机抽取，抽样数应不低于 $(n/2)^{1/2}$（n 是产品的桶数）。从已检的桶内不同部位，取相同量的样品，混合均匀后取两份样品，分别装入样品容器中，样品容器应留有约 5% 的空隙，盖严，并将样品容器外部擦干净后立即做好标志。一份试验用，另一份备用。

3. 建筑密封材料

(1) 必试项目：拉伸粘结性、低温柔性、施工度、耐热度。

(2) 取样数量：以同一生产厂家、同等级、同类型产品每 2t 为一验收批，不足 2t 也按一批计。每批随机抽取试样 1 组，试样量不少于 1kg（屋面每 1t 为一验收批）。

随机抽取试样，抽样数应不低于 $(n/2)^{1/2}$（n 是产品的桶数）。

(3) 取样方法：从已初检的桶内不同部位，取相同量的样品，混合均匀后 A、B 组分各两份，分别装入样品容器中，样品容器应留有约 5% 的空隙，盖严，并将样品容器外部擦干净，立即做好标志。一份试验用，另一份备用。

进口密封材料：应有该国国家标准、出厂标准、技术指标、产品说明书以及我国有关部门的复检报告，抽检合格后方可使用。

7.3.2.7 混凝土外加剂

1. 混凝土外加剂

混凝土外加剂按《混凝土外加剂》（GB 8076—2008）分为九大类：普通减水剂、高效减水剂、早强减水剂、缓凝减水剂、缓凝高效减水剂、引气减水剂、早强剂、缓凝剂和引气剂。

（1）必试项目：pH 值、密度或细度、减水率、含气量、凝结时间、1d 和 3d 抗压强度比、钢筋锈蚀等。

（2）取样数量：掺量大于 1％（含 1％）的同品种、同一编号的外加剂，每 100t 为一验收批，不足 100t 也按一批计。掺量小于 1％的同品种、同一编号的外加剂，每 50t 为一验收批，不足 50t 也按一批计。

从不少于三个点取等量样品混匀。取样数量不少于 0.2t 水泥所需量。

（3）取样方法：每一编号取得的试样应充分混匀，分为两等份。一份按《混凝土外加剂》（GB 8076—2008）标准规定方法与项目进行试验；另一份要密封保存半年，以备有疑问时交国家指定的检验机构进行复验或仲裁。如生产和使用单位同意，复验和仲裁也可现场取样。

2. 混凝土泵送剂

（1）必试项目：pH 值、密度或细度、坍落度（增加值、保留值）。

（2）取样数量：以同一生产厂，同品种、同一编号的泵送剂每 50t 为一验收批，不足 50t 也按一批计。

从不少于三个点取等量样品混匀。取样数量不少于 0.2t 水泥所需量。

（3）取样方法：每一批取得的试样应充分混匀，分为两等份。一份按《混凝土泵送剂》（JC 473—2001）进行试验；另一份封存半年，以备有疑问时交国家指定的检验机构进行复验或仲裁。

如生产和使用单位同意也可在现场取平均样，但事先应在供货合同中裁定。

3. 混凝土膨胀剂

（1）必试项目：限制膨胀率。

（2）取样数量：以同一生产厂、同一品种、同一编号的膨胀剂每 200t 为一验收批，不足 200t 也按一批计。

（3）取样方法：抽样应有代表性，可以连续取样，也可以从 20 个以上的不同部位取等量样品，每批抽样总量不小于 10kg。

4. 砂浆、混凝土防水剂

（1）必试项目：pH 值、密度或细度、钢筋锈蚀。

（2）取样数量：年产 500t 以上的防水剂每 50t 为一验收批，500t 以下的防水剂每 30t 为一验收批，不足 50t 或 30t 也按一批计。

从不少于三个点取等量样品混匀。取样数量，不少于 0.2t 水泥所需量。

（3）取样方法：同批的产品必须是均匀的。每批取样量不少于 0.2t 水泥所需的防水剂量。

每批取得的试样应充分混合均匀，分为两等份。一份按《砂浆、混凝土防水剂》（JC 474—1999）标准进行试验；另一份密封保存一年，以备有疑问时交国家指定的检验机构进行复验或仲裁。

5. 混凝土防冻剂

（1）必试项目：密度或细度、钢筋锈蚀、R_{-7} 和 R_{+28} 抗压强度比。

（2）取样数量：以同一生产厂、同一品种、同一编号的防冻剂，每 50t 为一验收批，不足 50t 也按一批计。

取样应具有代表性，可连续取，也可以从 20 个以上的不同部位取等量样品。液体防冻剂取样应注意从容器的上、中、下三层分别取样。取样数量不少于 0.15t 水泥所需量。

（3）取样方法：每批取得的试样应充分混匀，分为两等份。一份按《混凝土防冻剂》（JC 475—2004）进行试验；另一份密封保存半年，以备有疑问时交国家指定的检验机构进行复验或仲裁。

6. 混凝土速凝剂

（1）必试项目：密度或细度、1d 抗压强度、28d 抗压强度比、凝结时间。

（2）取样数量：以同一生产厂家，同一品种、同一编号，每 20t 为一批，不足 20t 也作为一批。每一批应于 16 个不同点取样，取样数量不少于 4kg。

（3）取样方法：每批取得的试样应充分混匀，分为两等份。一份按《喷射混凝土速凝剂》（JC 477—2005）进行试验；另一份密封保存半年，以备有疑问时交国家指定的检验机构进行复验或仲裁。

7.3.2.8　混凝土试件

1. 现场搅拌混凝土

（1）必试项目：稠度、抗压强度。

（2）取样数量：根据《混凝土结构工程施工质量验收规范》（GB 50204—2015）和《混凝土强度检验评定标准》（GB 50107—1987）的规定，用于检查结构构件混凝土强度的试件，应在混凝土的浇筑地点随机抽取。每组试件应从同一盘拌合物或同一车运送的混凝土中取出；混凝土拌合物的取样应具有代表性，宜采用多次采样的方法。一般在同一盘混凝土或同一车混凝土中的约 1/4 处、1/2 处和 3/4 处之间分别取样。从第一次取样到最后一次取样不宜超过 15min，然后人工搅拌均匀。取样量应多于混凝土强度检验项目所需量的 1.5 倍，且宜不少于 20L。取样与试件留置应符合以下规定。

（3）取样方法：每拌制 100 盘但不超过 100m³ 的同配合比的混凝土，取样次数不得少于一次；每工作班拌制的同一配合比的混凝土不足 100 盘时，其取样次数不得少于一次；当一次连续浇筑超过 1000m³ 时，同一配合比的混凝土每 200m³ 取样不得少于一次；同一楼层、同一配合比的混凝土，取样不得少于一次；每次取样应至少留置一组标准养护试件，同条件养护试件的留置组数应根据实际需要确定。

2. 预拌（商品）混凝土

（1）必试项目：稠度、抗压强度。

（2）取样数量：预拌（商品）混凝土，除应在预拌混凝土厂内按规定留置试块外，混凝土运到施工现场后，还应根据《预拌混凝土》（GB/T 14902—2012）规定取样。交货检验混凝土试样的采取及坍落度试验应在混凝土运到交货地点时开始算起 20min 内完成，试件的制作应在 40min 内完成。混凝土试样应在卸料过程中卸料量的 1/4～3/4 之间采取，取样量应满足混凝土强度检验项目所需用量的 1.5 倍，且宜不少于 20L。

（3）取样方法：用于交货检验的混凝土试样应在交货地点采取。每 100m³ 相同配合比的混凝土取样不少于一次；一个工作班拌制的相同配合比的混凝土不足 100m³ 时，取样也不得少于一次；当在一个分项工程中连续供应相同配合比的混凝土量大于 1000m³ 时，其交货检验的试样为每 200m³ 混凝土取样不得少于一次。

用于出厂检验的混凝土试样应在搅拌地点采取，按每 100 盘相同配合比的混凝土取样不得少于一次；每一工作班组相同的配合比的混凝土不足 100 盘时，取样亦不得少于一次。

对于预拌混凝土拌合物的质量，每车应目测检查；混凝土坍落度检验的试样，每 100m³ 相同配合比的混凝土取样检验不得少于一次；当一个工作班相同配合比的混凝土不足 100m³ 时，也不得少于一次。

3. 混凝土抗渗试块

（1）必试项目：稠度、抗压强度、抗渗性能。

（2）取样数量：连续浇筑混凝土量 500m³ 以下时，应留置两组（12 块）抗渗试块。每增加 250～500m³ 混凝土，应增加留置两组（12 块）抗渗试块。如果使用材料、配合比或施工方法有变化时，均应另行仍按上述规定留置。

（3）取样方法：抗渗试块应在浇筑地点制作，留置的两组试块其中一组（6 块）应在标准养护室养护，另一组（6 块）与现场相同条件下养护，养护期不得少于 28d。

根据《混凝土结构工程施工质量验收规范》的规定，对有抗渗要求的混凝土结构，其混凝土试件应在浇筑地点随机取样。同一工程、同一配合比的混凝土，取样不应少于一次，留置组数可根据实际需要确定。

4. 粉煤灰混凝土

（1）必试项目：坍落度（或工作度）、抗压强度。

（2）取样数量：现场施工粉煤灰混凝土的坍落度的检验，每工作班至少测定两次，其测定值允许偏差为±20mm。

对于非大体积粉煤灰混凝土每拌制 100m³，至少成型一组试块；大体积粉煤灰混凝土每拌制 500m³，至少成型一组试块。不足上列规定数量时，每工作组至少成型一组试块。

7.3.2.9 砌筑砂浆试件

（1）必试项目：稠度试验、试块抗压强度试验。

（2）取样数量：每一楼层或 250m³ 砌体中的各种强度等级的砂浆，每台搅拌机应至少检查一次，每次至少应制作一组试块。如果砂浆强度等级或配合比变更时，还应制作试块。基础砌体可按一个楼层计。

（3）取样方法：砂浆试验用料可以从同一盘搅拌或同一车运送的砂浆中取出。施工中取样，应在使用地点的砂浆槽、砂浆运送车或搅拌机出料口，至少从三个不同部位采取。所取试样的数量应多于试验用量的 1～2 倍。砂浆拌合物取样后，应尽快进行试验。现场取来的试样，在试验前应经人工再翻拌，以保证其质量均匀。砂浆立方体抗压试块每组六块，其尺寸为 70.7mm×70.7mm×70.7mm。

7.3.2.10 回填土

（1）必试项目：压实系数（干密度、含水量、击实试验、求最大干密度和最优含水量）。

（2）取样数量：在压实填土的过程中，应分层取样检验土的干密度和含水率。基坑每 50～100m² 应不少于 1 个检验点。基槽每 10～20m 应不少于 1 个检验点。每一独立基础下至少有 1 个检验点。

对灰土、砂和砂石、土工合成、粉煤灰地基等，每单位工程不应少于 3 点，1000m² 以上的工程，每 100m² 至少有 1 点；3000m² 以上的工程，每 300m² 至少有 1 点。

对场地平整，每 100～400m² 取 1 点，但不应少于 10 点；长度，宽度，边坡为每 20m 取 1 点，每边不应少于 1 点。

注意：当用环刀取样时，取样点应位于每层 2/3 的深度处。

7.3.2.11 地基

1. 灭土地基、砂和砂石地基、土工合成材料地基、粉煤灰地基、强夯地基、注浆地基和预压地基

（1）必试项目：地基承载力。

（2）取样数量：每单位工程不应少于 3 点，地基面积 1000m² 以上工程，每 100m² 至少应有 1 点，地基面积。3000m² 以上工程，每 300m²，至少应有 1 点；每一独立基础下至少应有 1 点，基槽每 20 延米应有 1 点。

2. 水泥土搅拌桩复合地基、高压喷射注浆桩复合地基、砂桩地基、振冲桩复合地基、土和灰土挤密桩地基、水泥粉煤灰碎石桩复合地基和夯实水泥桩复合地基

（1）必试项目：地基承载力。

（2）取样数量：载力检验数为桩总数的 0.5%～1%，但不应少于 3 处；有单桩强度检验要求时，数量为桩总数的 0.5%～1%，但不应少于 3 根。

7.3.2.12 桩基

（1）必试项目：承载力、桩身质量。

（2）取样数量：承载力组批原则及取样规定：对于地基基础设计等级为甲级或地质条件复杂，成桩质量可靠性低的灌注桩，应采用静载试验的方法进行检验，检验桩数不应少于总数的 1%，且不应少于 3 根，当总桩数少于 50 根时，不应少于 2 根。

对于地基基础设计等级为甲级或地质条件复杂，成桩质量可靠性低的灌注桩，抽检数量不应小于总数 30%，且不应少于 20 根；其他桩基程的抽检数量不应少于总数的 20%，且不应少于 10 根；对混凝土预制桩及地下水位以上的且终孔后经过核验的灌注桩，检验数量不应少于总桩数的 10%，且不得少于 10 根；每个柱子承台下不得少于 1 根。

7.3.2.13 管材

1. 给水用硬聚氯乙烯（PVC-V）管材

必试项目：生活饮用给水管材的卫生性能、纵向回缩率、二氯甲烷浸渍试验、液压试验。

2. 给水用聚氯乙烯（PE）管材

必试项目：生活饮用给水管材的卫生性能，以及静液压强度（80℃）、断裂伸长率。

3. 给水管材取样数量与取样方法

（1）同一生产厂、同一批原料、同一配方和工艺情况下生产的同规格的管材每 100t 为一验收批，不足 100t 也按一批计。

（2）取样方案见表 7-1。

表 7-1　　　　取 样 方 案

批量范围	样本大小
≤150	8
151～280	13
281～500	20
501～1200	32

续表

批量范围	样本大小
1201~3200	50
3201~10 000	80

4. 排水用硬聚氯乙烯（PVC-V）管材

（1）必试项目：纵向回缩率、断裂伸长率、落锤冲击试验、维卡软化温度。

（2）取样数量：以同一生产厂家、同一原料、配方和工艺的情况下生产的同一规格的管材，每30t为一验收批。不足30t也按一批计。

（3）取样方法：在计数合格的产品中随机抽取3根试件，进行纵向回缩率和扁平试验。

5. 排水用硬聚氯乙烯（PVC-V）管件

（1）必试项目：可选择烘箱试验、坠落试验、维卡软化温度。

（2）取样数量：同一生产厂家、同一原料、配方和工艺情况下生产的同一规格的管件，每5000件为一验收批，不足5000件也按一批计。

7.3.3 计量标准、计量器具和检测设备的检查

1. 计量标准基本知识

计量标准是计量标准器具的简称，是指准确度低于计量基准的，用于检定其他计量标准或工作计量器具。它把计量基准所复现的单位量值逐级的传递到工作计量器具以及将测量结果在允许的范围内溯源到国家计量基准的重要环节。

建材产品种类繁多，要对建材产品进行全面质量管理就涉及许多具有专业特性的计量项目和质检仪器。为了加强对建筑材料工业（以下简称"建材工业"）计量工作的管理，根据《中华人民共和国计量法》和《中华人民共和国计量法实施细则》，国家建筑材料工业局专门制定了《建筑材料工业计量管理办法》。

2. 工程计量器具的类型

根据计量器具的计量特性、使用要求及使用的频繁程度等不同，将计量器具划分为A、B、C三个管理类别。

A类计量器具包括：用于贸易结算、安全防护、环境监测方面，并列入《中华人民共和国强制检定的工作计量器具目录》的计量器具；计量标准器具；测量放线人员、质量检验人员所使用的计量器具。

B类计量器具包括：施工生产、经营及管理用对计量数据有较高准确度要求的计量器具。

C类计量器具包括：施工生产、经营及管理用对计量数据准确度要求不高的计量器具。

3. 计量器具和检测设备的管理

（1）采购：如需采购新有检测设备及器具，由使用人根据需要向技质部负责人提出申请，由技质部负责人向供销部提出，由供销部负责采购。如采购设备价格较高供销部应向总经理提示，经批准后方可进行采购。

采购回来的检测设备或器具由技质部进行验收，对检测设备要填写《设备验收单》，验收合格后方可进行台账登记；计量器具在采购后需在当地质量技术监督部门进行计量，经计

量合格后的计量器具方可进行台账登记。对检测设备上有要求的仪器仪表，生产商需提供该仪器仪表的计量合格证明以及该台设备的检测合格证明，并将此列为设备合格验收的一项重要依据。经验收合格的器具及设备由技质部进行统一登记造册，列入计量设备台账。

（2）登记：对检测设备和计量器具要进行登记造册，在进行登记时要注明该设备的名称、型号、精度、生产厂家、出产编号，以及检定日期、检定有效期和计划日期，以方便设备和器具的管理。在检定期合格期内的检测设备及计量器具要在明显位置张贴合格标签。

（3）使用：在使用设备及器具时，要仔细查看该设备的合格标签，看该设备或器具在检定有效期内，如果已超出有效期应停止使用并通知供销部，将该设备送检。送检后合格的将重新进行登记，修改台账上的检定日期和计划检定日期。

（4）保养：使用设备要轻拿轻放，切忌碰撞以防止精密设备及器具的损坏，在使用完后要将设备或器具进行必要清洁或保养，并放至其专用容器或地点。对带电检测设备如长期不用时，应进行断电，并在一定时间进行通电以防霉变或受潮。在带电设备使用中发生异常应及时切断电源，并通知技术人员进行检查，在未认定原因及修复前应停止使用。

（5）报废：设备及器具经鉴定老化，以及损坏严重无法修复时，要及时进行报废处理，对一些价格不高在通知技质部负责人，经同意后进行报废；如价值较高应通知总经理，经同意后进行报废。报废的设备及器具在放置于固定地点，并从台账中撤账。在一定时间进行销毁。

（6）周期检定/校准：检测和计量设备按台由上登记的检定计划周期由供销部送以技术监督检测院进行外校及检定。特殊设备可由供销部联系生产厂家进行校准。可自校的由技质部会同生产部一起对设备进行自校，并进行记录以作为依据。

年度检定、校准计划内容包括如下：

1）测量设备名称、型号、编号。

2）原检定/校准的证书/报告的编号、有效期。

3）定点检定/校准机构名称。

4）计划校准时间。

（7）出现下列情况时，由设备管理员制定检定/校准的补充计划。

1）新购置仪器设备时；停用时间超过检定/校准周期的仪器设备需重新启用时；改装或修理后的测量设备需投入使用时；经期间核查确认测量设备量值失准时；借用外部仪器设备时（必要时）。

2）对新购置的测量设备，根据仪器设备的技术指标，依据国家计量校准系统表的要求，就近寻找具有提供溯源服务能力的校准机构。

3）送外校准一般采用集中送取形式，送校前应加强同校准单位的联系，力争一次性完成送、取任务。送校前仪器设备保管人应对仪器设备进行通电检查，发现严重问题时暂不送校。

4）仪器设备检定/校准完毕，测量设备管理员负责将检定/校准证书复印一份交使用科室，原件归档。

5）经检定/校准合格的所有仪器、设备、量具由测量设备管理员粘贴"绿色"合格状态标识，证明其符合测量能力的要求。不合格的，粘贴"黄色"校准状态标识，表示停用。部分性能仍可使用的，粘贴"蓝色"校准状态标识，表示警示：注意限制使用，并提示使用范围。

6）严格按照周期开展检定/校准工作，超过有效期的仪器设备和标准物质不允许继续使用。

7.3.4　建筑材料的见证取样检测管理

加强施工现场的材料检测，工程质量检测机构必须对见证取样检测过程加强管理，实时输入建设工程检测监管信息系统，确保数据和检测报告的准确性、真实性。

（1）用于工程的建筑材料及构配件应提供出厂合格证、技术说明文件、检验报告，有"准用认证"和"备案证"要求的材料和构配件，还要提供省部级的准用认证许可文件及市建设行政主管部门出具的备案证。

（2）进入施工现场的建筑材料及构配件必须由施工单位、监理单位按照工程设计要求、施工技术标准和合同约定共同进行验收，签署进场验收意见。未经检验或者检验不合格的，不得使用。

（3）施工、监理单位对进场原材料、产品、构配件设备应各自建立材料登记台账，台账内容应详细、真实，不得伪造、涂改、复制。

（4）进场验收合格的建筑材料及构配件，按照设计和规范要求需要进场复验的，应按进场批次和产品的抽样检验方案执行。

（5）建筑材料及构配件进场复验应严格执行见证取样送检制度。建设工程开工前，施工单位应根据材料进场计划和产品的抽样检验方案制定建筑材料及构配件见证取样计划。

（6）施工单位取样人员应由具备试验知识的专业技术人员担任，见证人员应由建设或监理单位具备试验知识的专业技术人员担任，接样人员应由检测机构的专业技术人员担任，以上人员应经培训考核合格后持证上岗。施工现场取样员应有施工单位项目经理书面授权书，见证员应有建设单位负责人或监理单位监理工程师书面授权书。取样员、见证员书面授权书应到检测机构、质量监督站进行备案。见证人员和取样人员应对试样的代表性和真实性负责。

（7）取样人员对涉及结构安全和使用功能的试块、试件、材料及构配件，应当在建设单位或者工程监理单位监督下现场取样，并送具有相应资质等级的质量检测机构进行检测。施工单位应建立材料见证取样送检台账。未经监理工程师签字，建筑材料及构配件不得在工程上使用或者安装，施工单位不得进行下一道工序的施工。

（8）检测机构应按有关规定及技术标准进行检测，出具公正、真实、准确的检测报告，并对检测结果的真实性负责。工程竣工验收前，检测机构应出具工程材料及构配件检测评价报告。

本 章 练 习 题

1. 见证取样送检程序有哪些？
2. 见证取样送检有哪些要求？
3. 预拌（商品）混凝土取样与试件留置有哪些规定？

 第8章

建筑材料信息管理系统

当前信息化技术已经渗透到各行各业，随着计算机及网络技术的飞速发展，管理信息系统已经深入到建筑业的各个领域，但是当前我国各中小城市的工程项目材料管理水平还很低，很多还停留在纸介质的管理。浪费了人力、物力和财力，并且效率低下。在信息时代已经来临的今天，这种传统的管理方式势必会被以计算机为基础的信息管理方式所取代。

8.1 计算机在建筑材料管理中的应用

建筑项目中的材料管理工作量大、数据源多而复杂，材料种类往往多达数千种，因此材料供应站的管理人员每天都要忙于填写入库单、出库单、统计、汇总以及做各种报表，每月均有大量重复性的工作，如果使用计算机进行管理，这将使平时需要几个人满负荷做一个月的工作，如今只需一个人几天就可以完成，不仅大大减轻了材料管理人员的工作负担，而且统计汇总的结果更准确，报表也更加整齐、美观，工作效率得到很大提高。

针对现在很多施工单位没有对材料进行完善的管理，没有建立材料预警系统，造成了资金的流失。××公司推出的功能强大的建材管理系统软件，从初期的材料计划、采购单、材料历史价格查询对比（图表）；到材料出入库，包括采购入库、暂估、调拨、退货、退库、领耗料、折旧、报损、直进直出等；然后库存与单据的管理：灵活快速的库存查询、库存盘点、报警、仓库之间和项目之间材料的周转、单据分类查询、单据修改、审核、冲账等；最后到丰富的数据分析报表：材料出入库统计汇总、供应商供货、欠款明细汇总、工程领耗料明细汇总、材料三级账等。

另外，施工现场的材料有成百上千种，用手工来进行管理非常麻烦，工作效率低。本系统提供材料库，用户可以自行修改和添加，建立材料预警，对材料进行入库、出库、损耗、计划、退料等进行管理，提供强大的查询、报表打印和汇总功能。其工作流程图如图 8-1 所示。

8.2 软件功能介绍

材料管理系统在安装完成以后需要进行相关的初始化操作才能进行日常业务。

8.2.1 用户设置

1. 新增用户

点击"系统初始化导航"窗口的"用户设置"或点击"系统工具"菜单，选择"用户设置"菜单项，打开用户设置窗口，点击"新增"按钮（快捷方式"A"），打开用户信息窗

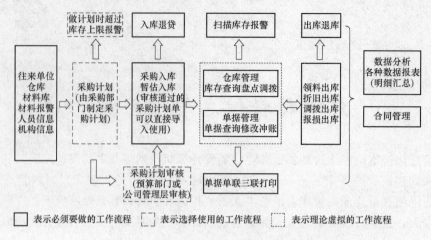

表示必须要做的工作流程 表示选择使用的工作流程 表示理论虚拟的工作流程

图 8-1 建筑材料管理软件（互联网版）工作流程图

口，录入用户名和密码，设置用户权限，录入完后点击"保存"按钮。

2. 修改用户

选择用户姓名，点击"用户设置"窗口下方的"修改"按钮，对用户的权限进行相应的修改，修改后点击"保存"按钮。

3. 删除用户

选择用户姓名，点击"用户设置"窗口下方的"删除"按钮即可。

8.2.2 仓库设置

1. 新增仓库

点击"系统初始化导航"窗口的"仓库设置"或点击"基本信息"菜单，选择"仓库信息"菜单项，打开仓库设置窗口，点击"新增"按钮（快捷方式"A"），打开仓库信息——新增窗口，录入仓库的基本信息，录入完后点击"保存"按钮。

2. 修改仓库

选择仓库名称，点击"仓库信息"窗口下方的"修改"按钮，对仓库的信息进行修改，修改后点击"保存"按钮。

3. 删除仓库

选择仓库名称，点击"仓库信息"窗口下方的"删除"按钮即可。

4. 打印

编辑完仓库信息后，点击"仓库信息——新增"窗口下方的"打印"按钮可以打印出该仓库的信息，如果需要打印仓库列表，则点击"仓库信息"窗口下方的"打印"按钮。

8.2.3 项目设置

1. 新增项目

点击"系统初始化导航"窗口的"项目设置"或点击"基本信息"菜单，选择"项目信息"菜单项，打开项目信息窗口，点击"新增"按钮（快捷方式"A"），打开工程项目管理——新增窗口，录入工程项目信息，录入完后点击"保存"按钮。

2. 修改项目

选择一个项目，点击"项目信息"窗口下方的"修改"按钮，对项目的信息进行修改，修改后点击"保存"按钮。

3. 删除项目

选择一个项目，点击"项目信息"窗口下方的"删除"按钮即可。

4. 打印

编辑完项目信息后，点击工程项目管理——新增窗口下方的"打印"按钮可以打印出该项目的信息，如果需要打印出工程项目列表，则点击"项目信息"窗口的"打印"按钮。

8.2.4 材料信息

1. 新增材料

点击"系统初始化导航"窗口的"材料信息"或点击"基本信息"菜单，选择"材料信息"菜单项，打开材料信息窗口，点击"新增"按钮（快捷方式"A"），打开材料信息——新增窗口，录入新增加的材料，录入完后点击"保存"按钮。

2. 修改材料信息

在"材料信息窗口"选择一种材料，点击"修改"按钮，对该材料的信息进行修改，修改后点击"保存"按钮。

3. 删除材料

在"材料信息窗口"选择一种材料，点击"删除"按钮即可。

4. 打印

如果需要打印所有材料的列表，则点击"材料信息"窗口下方的"打印"按钮，如果需要打印某一种材料的信息，则点击"材料信息——修改"窗口下方的"打印"按钮。

5. 分类设置

如果需要增加或删除材料的类别，则点击"材料信息"窗口下方的"分类设置"按钮进行增加或删除。

8.2.5 材料单位设置

1. 新增材料单位

点击"系统初始化导航"窗口的"材料单位"或点击"基本信息"菜单，选择"材料单位"菜单项，打开材料单位设置窗口，点击"新增"按钮（快捷方式"A"），打开材料单位信息——新增窗口，录入材料单位名称，录入完后点击"保存"按钮。

2. 删除材料单位

在"材料单位设置"窗口选择材料单位名称，点击"删除"按钮。

8.2.6 材料类别设置

点击"系统初始化导航"窗口的"材料类别"打开材料类别设置窗口，点击"新增"按钮（快捷方式"A"），打开材料类别信息——新增窗口，录入材料类别名称，录入完后点击"保存"按钮。

8.2.7 供应商信息设置

1. 新增供应商

点击"系统初始化导航"窗口的"供应商信息"按钮或点击"基本信息"菜单,选择"供应商信息"菜单项,打开供应商信息设置窗口,点击"新增"按钮(快捷方式"A"),打开供应商信息——新增窗口,录入供应商相关信息,录入完后点击"保存"按钮。

2. 修改供应商

在"供应商信息窗口"选择一个供应商,点击"修改"按钮,修改后点击"保存"按钮。

3. 删除供应商

在"供应商信息窗口"选择一个供应商,点击"删除"按钮。

4. 打印

打印供应商列表:点击"供应商信息"窗口下方的"打印"按钮。

打印某个供应商信息:点击"供应商信息——修改"窗口下方的"打印"按钮。

8.2.8 部门信息设置

1. 新增部门

点击"系统初始化导航"窗口的"部门信息"按钮或点击"基本信息"菜单,选择"部门信息"菜单项,打开部门设置窗口,点击"新增"按钮(快捷方式"A"),打开部门信息——新增窗口,录入部门信息,录入完后点击"保存"按钮。

2. 修改、删除、打印

修改、删除、打印的操作与供应商信息的修改、删除、打印的操作相同。

8.2.9 客户信息设置

1. 新增部门

点击"系统初始化导航"窗口的"客户信息"按钮或点击"基本信息"菜单,选择"客户信息"菜单项,打开窗户信息窗口,点击"新增"按钮(快捷方式"A"),打开客户信息——新增窗口,录入客户信息,录入完后点击"保存"按钮。

2. 修改、删除、打印

修改、删除、打印的操作与供应商信息的修改、删除、打印的操作相同。

8.2.10 系统信息设置

点击"基本信息"菜单,选择"系统信息"菜单项,打开系统环境设置窗口,录入系统信息,录入完后点击"确定"按钮。

8.2.11 库存报警设置

点击"基本信息"菜单,选择"库存报警设置"菜单项,打开库存报警设置窗口,点击"新增"按钮添加需要报警的材料,输入"库存上限"与"库存下限",录入完后点击"保存"按钮。当系统添加的材料的数量大于上限或下于下限时,每次打开系统会自动报警。

8.2.12　库房初始化设置

点击"系统初始化导航"窗口的"库房初始化"按钮或点击"系统信息"菜单，选择"库房初始化"菜单项，打开库房初始化向导窗口，点击"下一步"按钮（快捷方式"N"），根据提示信息对库房进行初始化操作。

8.3　基本操作

8.3.1　入库登记

1. 添加新单据

点击工具条的"材料入库"按钮或点击"材料管理"菜单，选择"入库登记"菜单项点击，进入入库登记管理窗口。点击 ▭▭▭ 从数据库中双击选择材料，规格型号、材料单位、材料类别自动带出，单价、数量、存入仓库为必填项，系统自动计算金额，支付金额、生产厂家、备注为可填项。填写完信息后按"保存单据"按钮，信息将存入数据库。

材料名称	
盘条	▭▭▭ ▭▭▭
材料名称	所属类
盘条	钢材
盘条	钢材
盘条	钢材

2. 清除单据

填写完新加单据的信息后，若要清除当前单据的所有信息，按"清除单据"按钮。

3. 删除行

填写完新加单据的信息后，若要删除某一行入库材料信息，按"删除行"按钮。

4. 打印

（1）标准打印：填写完新加单据的信息后，若要对当前的入库单信息进行标准打印，按"标准打印"按钮，即可进入入库单标准打印画面（图8-2）。

（2）三联打印：填写完新加单据的信息后，若要对当前的入库单信息进行三联打印，按"三联打印"按钮，即可进入入库单三联打印画面（图8-3）。

8.3.2　出库登记

1. 添加新单据

点击工具条的"材料出库"按钮或点击"材料管理"菜单，选择"出库登记"菜单项点击，进入出库登记管理窗口。点击 ▭▭▭ 从数据库中双击选择材料，规格型号、材料单位、材料类别、单价、存放库房自动带出，数量为必填项，系统自动计算金额，备注为可填项，填写完信息后按"保存单据"按钮，信息将存入数据库。

2. 清除单据

填写完新加单据的信息后，若要清除当前单据的所有信息，按"清除单据"按钮。

3. 删除行

填写完新加单据的信息后，若要删除某一行出库材料信息，按"删除行"按钮。

材料员专业管理实务

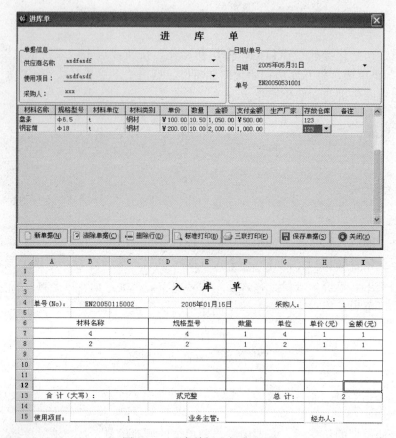

图 8-2　入库单标准打印画面

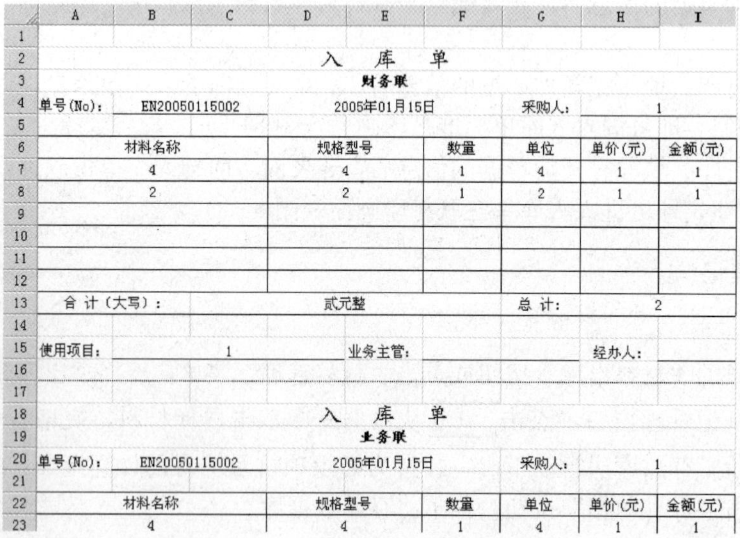

图 8-3　入库单三联打印画面

4. 打印

（1）标准打印：填写完新加单据的信息后，若要对当前的出库单信息进行标准打印，按"标准打印"按钮，即可进入出库单标准打印画面（图 8-4）。

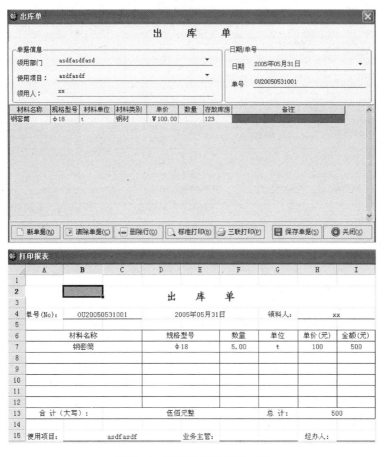

图 8-4　出库单标准打印画面

（2）三联打印：填写完新加单据的信息后，若要对当前的出库单信息进行三联打印，按"三联打印"按钮，即可进入出库单三联打印画面（图 8-5）。

8.3.3　损耗登记

1. 添加新单据

点击工具条的"材料损耗"按钮或点击"材料管理"菜单，选择"损耗登记"菜单项点击，进入损耗登记管理窗口。点击 从数据库中双击选择材料，规格型号、材料单位、材料类别自动带出，单价、数量、存入仓库为必填项，生产厂家、损耗原因为可填项，系统自动计算金额。填写完信息后按"保存单据"按钮，信息将存入数据库。

2. 清除单据、删除行

清除单据、删除行的操作与入库登记的清除单据、删除行的操作相同。

	A	B	C	D	E	F	G	H	I
1									
2				出　库　单					
3				财务联					
4	单号(No)：	OU20050531001		2005年05月31日			领料人：		xx
5									
6		材料名称		规格型号		数量	单位	单价(元)	金额(元)
7		钢套筒		φ18		5.00	t	100	500
8									
9									
10									
11									
12									
13	合　计（大写）：			伍佰元整			总　计：		500
14									
15	使用项目：		asdfasdf		业务主管：			经办人：	
16									
17									
18				出　库　单					
19				业务联					
20	单号(No)：	OU20050531001		2005年05月31日			领料人：		xx
21									
22		材料名称		规格型号		数量	单位	单价(元)	金额(元)
23		钢套筒		φ18		5.00	t	100	500
24									
25									

图 8-5　出库单三联打印画面

3. 打印

（1）标准打印：填写完新加单据的信息后，若要对当前的损耗单信息进行标准打印，按"标准打印"按钮，即可进入损耗单标准打印画面（图 8-6）。

（2）三联打印：填写完新加单据的信息后，若要对当前的损耗单信息进行三联打印，按"三联打印"按钮，即可进入损耗单三联打印画面（图 8-7）。

8.3.4　库房退料登记

1. 添加新单据

点击"材料管理"菜单，选择"库房退料登记"菜单项点击，进入库房退料登记管理窗口。点击 ┄ 从数据库中双击选择材料，规格型号、材料单位、材料类别自动带出，单价、数量、存入仓库为必填项，生产厂家、退料原因为可填项，系统自动计算金额。填写完信息后按"保存单据"按钮，信息将存入数据库。

2. 清除单据、删除行

清除单据、删除行的操作与入库登记的清除单据、删除行的操作相同。

3. 打印

（1）标准打印：填写完新加单据的信息后，若要对当前的退料单信息进行标准打印，按"标准打印"按钮，即可进入退料单标准打印画面（图 8-8）。

（2）三联打印：填写完新加单据的信息后，若要对当前的退料单信息进行三联打印，按"三联打印"按钮，即可进入退料单三联打印画面（图 8-9）。

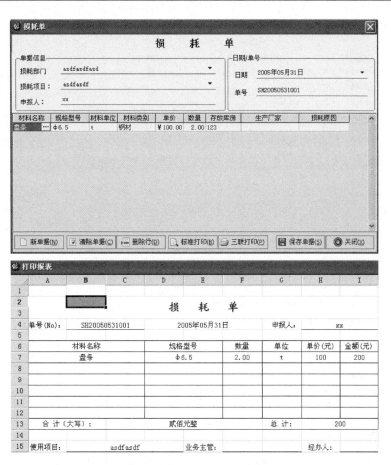

图 8-6　损耗单标准打印画面

图 8-7　损耗单三联打印画面

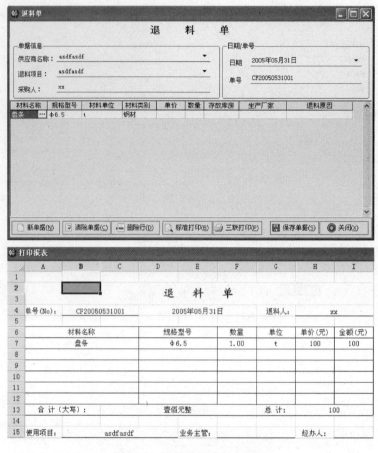

图8-8 退料单标准打印画面

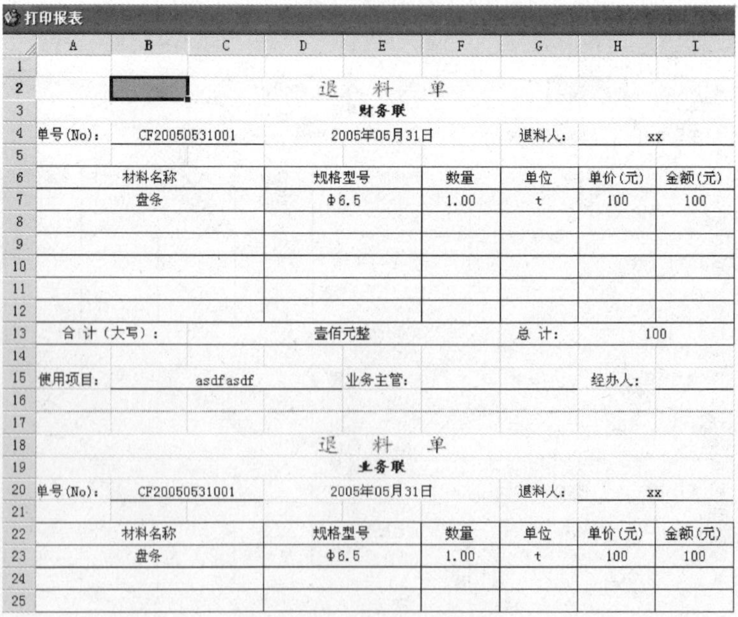

图8-9 退料单三联打印画面

8.3.5　部门退料登记

1. 添加新单据

点击"材料管理"菜单，选择"部门退料登记"菜单项点击，进入部门退料登记管理窗口。点击 ▭ ··· 从数据库中双击选择材料，规格型号、材料单位、材料类别自动带出，单价、数量、存入仓库为必填项，生产厂家、退料原因为可填项，系统自动计算金额。填写完信息后按"保存单据"按钮，信息将存入数据库。

2. 清除单据、删除行

清除单据、删除行的操作与入库登记的清除单据、删除行的操作相同。

3. 打印

（1）标准打印：填写完新加单据的信息后，若要对当前的退料单信息进行标准打印，按"标准打印"按钮，即可进入退料单标准打印画面（图 8-10）。

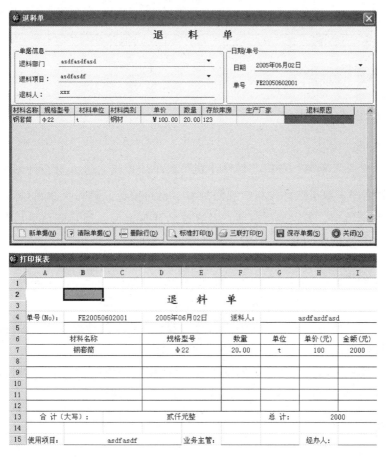

图 8-10　部门退料标准打印画面

（2）三联打印：填写完新加单据的信息后，若要对当前的退料单信息进行三联打印，按"三联打印"按钮，即可进入退料单三联打印画面（图 8-11）。

	退 料 单							
				财务联				
单号(No):	FE20050602001		2005年06月02日		退料人:		asdfasdfasd	
	材料名称		规格型号	数量	单位	单价(元)	金额(元)	
	钢套筒		Φ22	20.00	t	100	2000	
合 计 (大写):			贰仟元整			总 计:	2000	
使用项目:		asdfasdf		业务主管:		经办人:		
	退 料 单							
				业务联				
单号(No):	FE20050602001		2005年06月02日		退料人:		asdfasdfasd	
	材料名称		规格型号	数量	单位	单价(元)	金额(元)	
	钢套筒		Φ22	20.00	t	100	2000	

图 8-11　部门退料三联打印画面

8.3.6　材料计划

1. 添加新单据

点击"材料管理"菜单，选择"材料计划"菜单项点击，进入材料计划登记管理窗口。点击 ▭ 从数据库中双击选择材料，规格型号、材料单位、材料类别自动带出，单价、数量、存入仓库为必填项，备注为可填项，系统自动计算金额。填写完信息后按"保存单据"按钮，信息将存入数据库。

2. 清除单据、删除行

清除单据、删除行的操作与入库登记的清除单据、删除行的操作相同。

3. 打印

（1）标准打印：填写完新加单据的信息后，若要对当前的计划单信息进行标准打印，按"标准打印"按钮，即可进入计划单标准打印画面（图 8-12）。

（2）三联打印：填写完新加单据的信息后，若要对当前的计划单信息进行三联打印，按"三联打印"按钮，即可进入计划单三联打印画面（图 8-13）。

8.3.7　直进直出登记

1. 添加新单据

点击"材料管理"菜单，选择"直进直出登记"菜单项点击，进入直进直出登记管理窗口。点击 ▭ 从数据库中双击选择材料，规格型号、材料单位、材料类别自动带出，单价、数量、存入仓库为必填项，生产厂家、备注为可填项，系统自动计算金额。填写完信息后按"保存单据"按钮，信息将存入数据库。

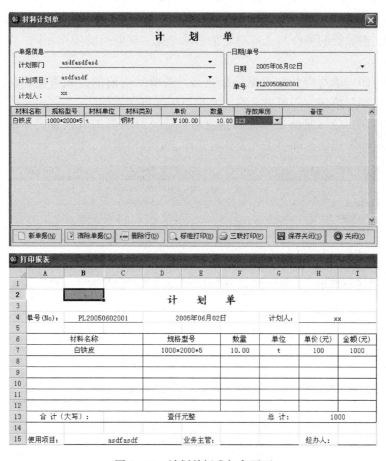

图 8-12 计划单标准打印画面

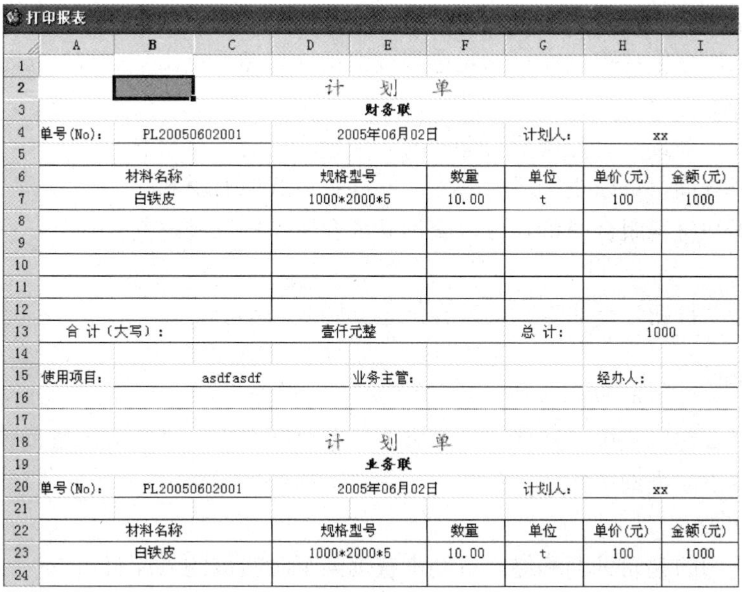

图 8-13 计划单三联打印画面

2. 清除单据、删除行

清除单据、删除行的操作与入库登记的清除单据、删除行的操作相同。

3. 打印

（1）标准打印：填写完新加单据的信息后，若要对当前的直入直出单信息进行标准打印，按"标准打印"按钮，即可进入直入直出单标准打印画面。

（2）三联打印：填写完新加单据的信息后，若要对当前的直入直出单信息进行三联打印，按"三联打印"按钮，即可进入直入直出单三联打印画面（图8-14）。

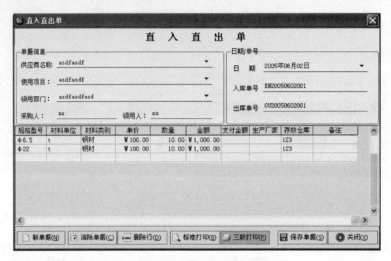

图8-14　直入直出单三联打印画面

8.3.8　库存查询

点击工具条的"库存查询"按钮或点击"材料查询"菜单，选择"库存盘点/查询"菜单项点击，进入库存信息查询窗口，先选择查询条件，然后点击"查询"按钮。

1. 查询方法

（1）按仓库查询，可以查询所有仓库或某个仓库里的所有材料。

（2）按材料查询，可以查询所有仓库的同种材料或所有材料。

（3）按仓库和材料组合查询，可以查询某个仓库里的某种材料。

2. 打印

点击"打印"按钮，打印查询的库存信息（图8-15）。

8.3.9　入库查询

点击"材料查询"菜单，选择"入库查询"菜单项点击，进入入库查询窗口，先选择查询条件，然后点击"查询"按钮。

1. 选择日期查询

通过设置查询的起始日期和终止日期来查询某个时间段的入库材料。

2. 选择条件查询

（1）按单据编号查询：输入单据编号，点击"查询"按钮，查询该单据的入库材料。

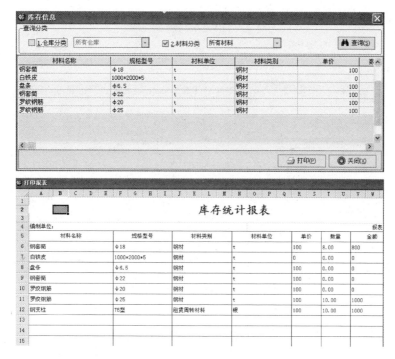

图 8-15　库存信息打印画面

（2）按材料名称查询：输入材料名称，点击"查询"按钮。

（3）按材料类别查询：输入材料类别，点击"查询"按钮。

（4）按供应商查询：通过下拉列表选择供应商，点击"查询"按钮。

（5）按使用项目查询：输入使用项目名称，点击"查询"按钮。

（6）单据编号、材料名称、材料类别、供应商、使用项目组合查询：例如：需要查询××项目的钢筋入库情况，则在使用项目的位置输入"××项目"，在材料名称的位置输入"钢筋"。其他组合查询以此类推。

3. 打印

点击"打印"按钮，输出所查询的结果。点击"打印"按钮后会提示"打印是否显示金额汇总"，选择"是"则显示金额汇总，选择"否"不显示金额汇总（图 8-16）。

8.3.10　出库查询

点击"材料查询"菜单，选择"出库查询"菜单项点击，进入出库查询窗口，先选择查询条件，然后点击"查询"按钮。

1. 选择日期查询

通过设置查询的起始日期和终止日期来查询某个时间段的出库材料。

2. 选择条件查询

（1）单据编号查询：输入单据编号，点击"查询"按钮，查询该单据的出库材料。

（2）按材料名称查询：输入材料名称，点击"查询"按钮。

（3）按材料类别查询：输入材料类别，点击"查询"按钮。

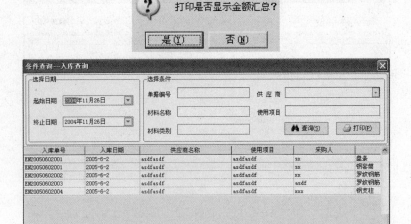

图 8-16 入库查询打印画面

（4）按供应商查询：通过下拉列表选择供应商，点击"查询"按钮。

（5）按使用项目查询：输入使用项目名称，点击"查询"按钮。

（6）单据编号、材料名称、材料类别、供应商、使用项目组合查询：例如：需要查询
××项目的钢筋出库情况，则在使用项目的位置输入"××项目"，在材料名称的位置输入
"钢筋"。其他组合查询以此类推。

3. 打印

点击"打印"按钮，输出所查询的结果。点击"打印"按钮后会提示"打印是否显示金
额汇总"，选择"是"则显示金额汇总，选择"否"不显示金额汇总（图 8-17）。

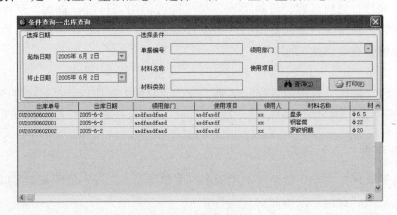

图 8-17 出库查询

8.3.11 库房退料查询

点击"材料查询"菜单，选择"库房退料查询"菜单项点击，进入库房退料查询窗口，
先选择查询条件，然后点击"查询"按钮。

库房退料的查询方法与入库、出库的查询方法类似，在这不再叙述，请参照入库、出库的查询方法。

8.3.12　部门退料查询

点击"材料查询"菜单，选择"部门退料查询"菜单项点击，进入部门退料查询窗口，先选择查询条件，然后点击"查询"按钮。

部门退料的查询方法与入库、出库的查询方法类似，在此不再叙述，请参照入库、出库的查询方法。

8.3.13　损耗查询

点击"材料查询"菜单，选择"损耗查询"菜单项点击，进入损耗查询窗口，先选择查询条件，然后点击"查询"按钮。

损耗查询方法与入库、出库的查询方法类似，在这不再叙述，请参照入库、出库的查询方法。

8.3.14　计划查询

点击"材料查询"菜单，选择"计划查询"菜单项点击，进入计划查询窗口，先选择查询条件，然后点击"查询"按钮。

计划查询方法与入库、出库的查询方法类似，在这不再叙述，请参照入库、出库的查询方法。

8.3.15　供应商付款

点击"账务处理"菜单，选择"供应商付款"菜单项点击，进入供应商付款窗口。通过下拉列表框选择供应商，在"支付款项"的位置输入支付的金额，如果是银行转账支付需要在"支票号码"的位置输入支票号码，点击"支付"按钮（图 8-18）。

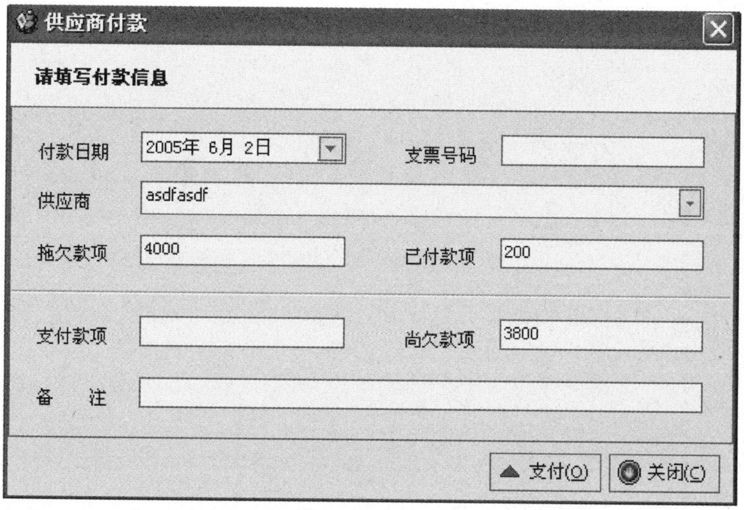

图 8-18　支付界面

8.3.16　冲账处理

由于"冲账处理"只有管理员才有权限操作，所以首先把当前用户切换到管理员。点击"退出"菜单，选择"冲账处理"，进入"冲账处理"窗口。在"业务编号"的位置输入单据编号，点击"查询"，显示此单据的材料信息，选择材料，点击"冲正"按钮（图8-19）。

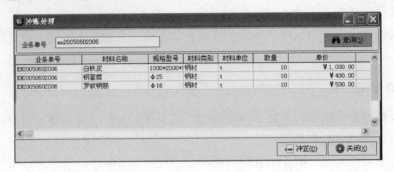

图 8-19　冲账界面

8.3.17　帮助

点击"帮助"菜单，选择"帮助"菜单项，查看系统帮助。

参 考 文 献

[1] 吴涛，易培经. 建设工程项目管理规范实施手册. 北京：中国建筑工业出版社，2006.

[2] 湖南大学，等. 土木工程材料. 北京：中国建筑工业出版社，2011.

[3] 冉云凤. 工程材料采购全过程管理初探. 铁道物资科学管理，2002.

[4] 高琼英. 建筑材料［M］. 武汉：武汉理工大学出版社，2006.

[5] 项建国. 建筑工程施工项目管理. 北京：中国建筑工业出版社，2005.

[6] 全国一级建造师执业资格考试用书编写委员会. 建筑工程管理与实务 . 3 版. 北京：中国建筑工业出版社，2012.

[7] 全国二级建造师执业资格考试用书编写委员会. 建设工程施工管理 . 2 版. 北京：中国建筑工业出版社，2011.

[8] 魏鸿汉. 材料员岗位知识与专业技能. 北京：中国建筑工业出版社，2013.

[9] 白建红. 建设工程材料及施工试验知识问答［M］. 北京：中国建筑工业出版社，2008.